常微分方程基本问题与注释

韩茂安　编著

科学出版社

北京

内 容 简 介

本书是作者在上海师范大学主讲数学专业本科生常微分方程课程的教学与学习配套用书，所采用教材是作者与合作者所编写的《常微分方程》(高等教育出版社). 本书的主要内容可分为两部分. 一部分是针对教材的每一节内容列出了五个基本问题，供学生课前预习时参考，通过问题引领，有的放矢地让学生自学教材，理解了这些问题就领会了所学内容. 另一部分是作者根据该节内容和自己的理解与体会所写的主要内容以及具有鲜明特色的注释，帮助学生正确理解和掌握课本知识，此外，各节配备了习题及其答案或提示，各章还补充了典型例题并配备了练习题，以及对重点难点所做的总结与思考.

本书是作者在长期从事常微分方程教学与课程改革的基础上整理多年的积累和经验写作而成的，可作为高等院校理工科各专业本科生的学习材料，也可作为从事常微分方程教学高校教师教学参考书.

图书在版编目(CIP)数据

常微分方程基本问题与注释/韩茂安编著. —北京：科学出版社，2018.1
ISBN 978-7-03-055048-4

Ⅰ.①常… Ⅱ.①韩… Ⅲ.①常微分方程 Ⅳ.①O175.1

中国版本图书馆 CIP 数据核字(2017) 第 265196 号

责任编辑：张中兴 梁 清 / 责任校对：张凤琴
责任印制：赵 博 / 封面设计：迷底书装

科学出版社 出版
北京东黄城根北街 16 号
邮政编码：100717
http://www.sciencep.com
固安县铭成印刷有限公司印刷
科学出版社发行 各地新华书店经销
*
2018 年 1 月第 一 版 开本：720 × 1000 1/16
2025 年 5 月第五次印刷 印张：9 1/4
字数：187 000
定价：36.00 元
(如有印装质量问题，我社负责调换)

前　言

大学教育的中心任务是培养有知识有能力有素质的高素质人才，在实施教育的过程中最关键最重要的环节当属课程教学. 课程教学追求的是教学质量和学习效果. 古往今来，许多学者都十分重视教学教法和学习方法的研究，一些著名学者对教与学也有专门的论述. 孔子曾说“学而时习之，不亦说乎？”“学而不思则罔”. 郑板桥认为“读书求精不求多”. 华罗庚强调学习“要循序渐进，读书先薄到厚，再厚到薄”. 钱伟长要求“大学生一定要学会自学，研究生要会看论文，博士研究生要有满肚子的问题”. 李大潜主张数学专业的本科生和研究生，学习数学要坚持“四字诀”，即“少、慢、精、深”. 这些论述都是学习之法. 关于如何施教，德国教育家第斯多惠说过“教学的艺术不在于传授本领，而在于激励、唤醒和鼓舞”. 我国教育家陶行知指出“我以为好的先生不是教书，不是教学生，乃是教学生学”. 荷兰数学家弗赖登塔尔则认为“数学教学方法的核心是学生的再创造”. 然而，在施教过程中如何能够体现出这些教育理念呢？

传统的教学模式是老师讲课为主，优点是学生学习较为轻松，考试成绩较好，缺点是学生参与教学的程度较低，学生能力培养的进程较慢. 最近几年，国内外教育界将现代传媒手段应用于课堂教学，其中一种就是所谓的翻转课堂教学模式. 这种教学模式颠覆惯用的传统教学模式，将主动预习引入课堂之前，将指导、答疑、讨论等引入课堂之中，学生从以前的被动听讲改为主动学习. 这种新模式更好地体现了教学的“激励、唤醒和鼓舞”、“教学生学”和“再创造”. 当然，翻转课堂在具体操作上并没有统一的模式，这不但因课而异，因人 (教师) 而异，也因地 (学校) 而异. 显然，在考试成绩方面翻转课堂模式一般比不过传统的教学模式，而在学习能力与创新思维的培养方面，翻转课堂则具有独特的优势，它注重的是潜能的引导和发挥，而这正是优秀人才所渴望的，因此，翻转课堂在众多大学都有或多或少的实践，并收到了良好效果.

十多年来，作者先后在上海交通大学数学系和上海师范大学数学系坚持给本科生进行常微分方程课程的教学，在最近几年的施教过程中大胆改革，尝试新的教学模式，其关键做法与“翻转课堂”有异曲同工之效. 下面做一简单介绍.

该课程所用文献是作者与合作者主编的《常微分方程》(文献 [1])，采用下面的方法进行教学.

1. 学生根据老师提供的学习材料《常微分方程基本问题与注释》，对《常微分方程》教科书进行课前预习，并在预习每一节的内容之后思考、回答《常微分方程基本问题与注释》中列出的相关"基本问题"，同时对书中可能的疑难公式或推理做标记，并准备好在课上提问老师或者回答老师的提问.(这是必须做的，也是关键的一步.)

2. 每堂课 (2 节课，每节课 45 分钟) 这样安排教学.

(1) 当堂自学与提问 (35 分钟). 学生在课前预习的基础上当堂自学，随时举手提问，老师当堂对提问的同学进行辅导答疑.

(2) 要点难点讲解 (35 分钟). 首先，解释学生提出的共性问题. 然后，结合"基本问题"，讲述当次课的要点与难点，特别是做思路和难点分析.

(3) 师生互动 (20 分钟). 回到"基本问题"或老师偶然想到的问题，提问学生，并对学生的回答做点评，进一步答疑解惑. 最后布置作业.

经思考作者认为还有另一种可能的模式：

(1) 要点难点讲解 (60 分钟). 即结合"基本问题"，讲述当次课的要点与难点，特别是做思路和难点分析.

(2) 师生互动 (30 分钟). 即先由对尚不明白的内容举手提问，老师给予辅导答疑. 然后老师提问学生，并对学生的回答做点评，进一步答疑解惑. 最后布置作业.

3. 根据学生人数进行分组，每组选一优秀学生为组长. 组长的主要任务是：收集小组的问题并反馈给老师、协助老师解答同学的问题、负责组织所在小组的"每章小结"评比选出一位代表本小组参加全班每章一次的评比活动，就是做 PPT 汇报"每章小结"，全班投票选出优胜者 (出现并列第一时，由老师决定取其一还是取其二)，称之为"章冠军". 小结内容包括：本章主要内容 (概念、定理、方法、重点难点)、题目讲解和通过查阅其他文献后对本章内容的补充. 每个小组代表奖励 8 分，每个章冠军奖励 15 分.

上述教学过程可以概括为：先通过问题引领让学生以研究的方式学习课程内容，后通过老师讲解要点提炼思想来加深理解，再通过小结评比激发学生学习兴趣. 我们不妨将这种教学方法叫做"问题主导的研究式教学模式". 这种教学模式成功与否与同学们的配合程度密切相关. 欲有好的教学效果，广大同学必须重视课前预习，并在课堂上积极发问，还需要各小组成员齐心协力合作完成每章小结.

作者要求并希望学生做到以下几点：课前认真预习，课堂积极提问，专心听讲并适当做笔记，课后把书读懂读透，书中推导有跳跃之处要思考并补上过程，作业要按时独立完成. 关于看书，建议课前先看一遍常微分方程教材，再来看《常微分方程基本问题与注释》中的"基本问题"，带着这些问题，再去看教材与《常微分方程基本问题与注释》中的"主要内容与注释"等，并标出疑难之处，以备课堂提问. 如果学生能对每个问题给出自己的书面回答，那无疑对自学能力的培养是非常有益的. 同时，作者还鼓励学生选一两本常微分方程的其他文献，作为参考书经常查阅.

本书初稿的编写历时五年，且在使用过程中不断充实和改进. 在写作过程中得到李继彬教授的不断支持和鼓励，在初稿的使用过程中同事同行丁玮、邢业朋、尚德生和田云等教授提出了有益的修改意见，同事邢业朋教授和研究生尚新宇同学为本书部分习题提供了答案. 作者在常微分方程的多年教学中也参考了一部分优秀同学的作业. 在最后阶段的出版过程中，北京大学的李承治教授和科学出版社的张中兴老师提出了宝贵的修改意见，最后科学出版社的梁清老师又对书稿清样进行了认真的校对与规范. 作者在此向他们一并表示由衷的感谢!

作者还有一个目的，就是希望读者通过学习本书中常微分方程课程基本知识的梳理、疑难内容的解读以及教材内容深处的引申与评注等内容，能够发现问题、思考问题和解决问题，切实有效地培养他们的思考习惯、思维能力和创新精神.

限于作者水平有限，本书存在诸多不足，恳请广大读者批评指正.

韩茂安

2017 年 7 月

目　　录

第 1 章 一阶微分方程

1.1 微分方程和解

1.1.1 基本问题

1. 什么叫做微分方程，与之相关的概念有哪些？

2. n 阶常微分方程的一般形式是什么，它的解是怎么定义的，与解相关的概念有哪些？

3. 显式解的定义区间与相应的微分方程的定义域有什么关系？特别地，微分方程 $xy' = 4y$ 与 $y' = \dfrac{4y}{x}$ 是不一样的微分方程吗，前者有通解 $y = Cx^4$, 它也是后者的通解吗，后者的通解应怎样写？

4. 如何理解隐式解与隐式通解，通解包含所有解吗？

5. 查阅有关文献，找出 n 阶常微分方程的通解中出现的 n 个任意常数应满足什么条件才能体现它们之间的"独立性"？

1.1.2 主要内容与注释

常微分方程是数学学科各专业的一门重要的基础课，学这门课需要掌握微积分学和线性代数的基本知识, 其内容在物理、生物、工程技术等许多其他学科中有广泛的应用. 此外，常微分方程的现代理论又是现代数学的一个重要分支. 因此，学好常微分方程十分重要.

本节主要内容有两个方面. 一个方面是简单描述了有生物学和物理学背景的人口增长模型与加速度–速度模型，它们一个是一阶常微分方程，另一个是二阶常微分方程. 推导出这两个简单方程旨在对常微分方程的来源和应用背景有一个基本的认识. 另一个方面的内容是给出了常微分方程最基本的概念，例如常微分方程的阶与解. 需要重点理解的是解的概念，包括通解，特别是隐式通解.

基本概念一定要正确理解并熟记，可能一下子做不到，但多看书、勤思考，基本概念就能够理解和掌握了.

下面对本节出现的主要概念该如何理解做一些阐述.

在线性代数中我们学过线性方程，它是一种特殊的代数方程. 在数学分析中，我们学过隐函数定理，它给出了一个函数方程存在唯一局部解的充分条件. 这一节我们要介绍一类新型的方程，叫做微分方程，它是**含有未知函数的导数的等式**. 仔细想想这个定义的措词是不是不能再简单了，含义是不是明确了？与微分方程相关的概念有下面这些.

常微分方程: 微分方程里所出现的未知函数都是同一个自变量的函数.

偏微分方程: 不是常微分方程，或者等价地，至少含有两个自变量的微分方程，此时出现的导数一定是偏导数.

微分方程的阶数: 未知函数的导数的最高阶数.

根据定义，n 阶常微分方程的一般形式为

$$F(x,y,y',\cdots,y^{(n)})=0,$$

其中 F 是一个已知的 $n+2$ 元函数，其定义域一般是 $\mathbf{R}^{n+2}$ 中的某一区域. 常见的 n 阶常微分方程的形式是下面所谓的 n 阶显式方程:

$$y^{(n)}=f(x,y,y',\cdots,y^{(n-1)}),$$

其中 f 是一个已知的 $n+1$ 元函数.

常微分方程又分为线性常微分方程与非线性常微分方程. 详细给出线性常微分方程的定义还真不容易，各种文献也说法不一. 严格说来，我们说常微分方程 $F(x,y,y',\cdots,y^{(n)})=0$ 是线性的，如果函数 F 可以写成

$$F(x,y,y',\cdots,y^{(n)})=F_0(x)+F_1(x,y,y',\cdots,y^{(n)}),$$

其中 F_1 关于 $(y,y',\cdots,y^{(n)})$ 是线性函数，即如果令 $Y=(y,y',\cdots,y^{(n)})$, 并把 F_1 记为

$$F_1(x,y,y',\cdots,y^{(n)})=F_1(x,Y),$$

则对任何常数 α, β, 以及任何 $n+1$ 维向量 Y_1 与 Y_2,

$$F_1(x,\alpha Y_1+\beta Y_2)=\alpha F_1(x,Y_1)+\beta F_1(x,Y_2)$$

都成立. 于是，n 阶线性微分方程的一般形式为

$$a_n(x)\frac{\mathrm{d}^n y}{\mathrm{d}x^n}+a_{n-1}(x)\frac{\mathrm{d}^{n-1}y}{\mathrm{d}x^{n-1}}+\cdots+a_1(x)\frac{\mathrm{d}y}{\mathrm{d}x}+a_0(x)y=g(x).$$

对 “解” 的概念我们也不陌生，代数方程有解的概念，函数方程有解的概念，微分方程也有解的概念，这些概念的共性是 “满足” 方程，或者说将它们代入方程之后就得到一个恒等式，但由于方程的类型不一样，相应的解的属性也不一样. **n 阶常微分方程的解一定是一个在其定义区间上处处 n 次可微的函数**. 这里，我们只讨论解是实函数的情况，以后会涉及复值解的概念. 与解相关的概念有**显式解、隐式解、平凡解、特解、通解、初值问题、初值条件、积分曲线**等.

通解是含有任意常数的解，任意常数的个数与常微分方程的阶数是一致的.

关于解的定义区间，是值得思考和理解清楚的. 如果 $y=\phi(x)$, $x\in I$ 是微分方程

$$F(x,y,y',\cdots,y^{(n)})=0$$

的解，那么这个解的定义区间 I 应该满足这样的性质：当 $x\in I$ 时点 $(x,\phi(x),\phi'(x),\cdots,\phi^{(n)}(x))$ 属于函数 F 的定义域.

按照这个原则，区间 I 未必是解 ϕ 的 "最大" 定义区间.

为说明这个问题，我们来看一个简单的例子. 易知方程

$$xy'-4y=0$$

有通解 $y=Cx^4$, 这个通解的定义区间就是整个实轴. 将上述一阶微分方程变形如下 (注意，变形的条件是 $x\neq 0$)：

$$y'-\frac{4y}{x}=0,$$

此时，$y=Cx^4$ 仍然是通解，但其定义区间 I 变成 $x>0$ 或 $x<0$, 即 $I=(0,+\infty)$ 或 $I=(-\infty,0)$(因为根据常微分方程解的定义，解的定义域是一个区间，而不是两个或多个区间的并). 因此，微分方程

$$xy'-4y=0$$

与

$$y'-\frac{4y}{x}=0$$

应当看成是不同的微分方程，因为它们的定义域不同. 目前，我们的重点是放在求解上，而对解的定义区间往往不明确指出.

我们不妨回顾一下函数的概念. 完整的函数概念包含三个因素：对应法则、定义域、值域，起决定作用的是前两者，因为一旦对应法则和定义域确定了，值域就随之而定了. 两个函数相等就意味着对应法则和定义域同时相等. 因此，如果同一个对应法则作用于两个不同的集合 (定义域) 上，就相应的得到两个函数. 例如，

$$y=x+1,\quad x\in(0,1) \quad 与 \quad y=x+1,\quad x\in(0,1]$$

就是两个不同的函数.

一个 n 阶常微分方程与它的解 (显式解、隐式解、通解等) 有这样的关系：通过对这个方程运用积分的手段等可以获得这个解；反之，对这个解运用微分的手段等可以获得这个方程.

n 阶常微分方程 $F(x, y, y', \cdots, y^{(n)}) = 0$ 的通解一定含有 n 个任意常数，设这个通解由 $G(x, y, C_1, C_2, \cdots, C_n) = 0$ 给出，为体现这 n 个任意常数 $C_1, C_2, \cdots, C_n$ 一定是互相独立的，它们须满足条件

$$\det \frac{\partial(G, G_x, \cdots, G_x^{(n-1)})}{\partial(C_1, C_2, \cdots, C_n)} \neq 0.$$

今后在求通解时，所得到的通解都会满足这一条件，因此就不再去验证它了.

关于解，我们再指出两点，首先是通解未必包含方程的所有解，也就是说，有的方程会出现一些特别的解，这些解不能由通解来获取. 例如，一阶微分方程

$$\frac{\mathrm{d}y}{\mathrm{d}x} = y^n f(x), \quad 0 < n < 1$$

的通解就不能包含所有解. 其次，初值条件或初始条件是初值问题的定解条件. 就单个方程来说，初值问题中函数及其导数的初值的个数 (也就是等式的个数) 与初值问题中常微分方程的阶数是一致的. 例如，n 阶微分方程

$$\frac{\mathrm{d}^n y}{\mathrm{d}x^n} = f(x, y, y', \cdots, y^{(n-1)})$$

的初值条件是

$$y(x_0) = y_0,\ y'(x_0) = y_1,\ \cdots,\ y^{(n-1)} = y_{n-1},$$

这个条件含有 n 个等式. 要保证所述微分方程有满足这个条件的解，一个基本要求是：点 $(x_0, y_0, y_1, \cdots, y_{n-1})$ 需要属于函数 f 的定义域. 至于初值问题是不是有解, 何时有唯一解，将在以后讨论.

另外，每一个解对应着一条积分曲线. 例如，直接验证可知一阶线性方程

$$\frac{\mathrm{d}y}{\mathrm{d}x} = y - x$$

有通解 $y = \mathrm{e}^x C + x + 1$, 对每个实数 C, 它在平面上确定一条积分曲线

$$L_C = \{(x, y) | y = \mathrm{e}^x C + x + 1,\ x \in \mathbf{R}\}.$$

这实际上是一个单参数曲线族，其中 C 为参数 (可取任一实数)，而且这族曲线充满了整个平面. 易见，这族曲线中只有一条是直线，即 $y = x + 1$.

1.1.3　习题 1.1 及其答案或提示

(Ⅰ) 习题 1.1

1. 指出下面微分方程阶数以及它们是不是线性方程.

(1) $(1 - x)y'' - 4xy' + 5y = \cos x$;

(2) $x\dfrac{\mathrm{d}^3y}{\mathrm{d}x^3}-2\left(\dfrac{\mathrm{d}y}{\mathrm{d}x}\right)^4+y=0$;

(3) $yy'+2y=1+x^2$;

(4) $x^3y^{(4)}-x^2y''+4xy'-3y=0$;

(5) $\dfrac{\mathrm{d}y}{\mathrm{d}x}=\sqrt{1+\left(\dfrac{\mathrm{d}^2y}{\mathrm{d}x^2}\right)^2}$;

(6) $x^2\mathrm{d}y+(y-xy-x\mathrm{e}^x)\mathrm{d}x=0$;

(7) $(\sin x)y'''-(\cos x)y'=2$.

2. 验证给定函数是相应微分方程在特定区间上的解 (其中 C 或 C_i 表示常数):

(1) $\dfrac{\mathrm{d}y}{\mathrm{d}x}+2xy=0, y=C\mathrm{e}^{x^2}, -\infty<x<\infty$;

(2) $\dfrac{\mathrm{d}y}{\mathrm{d}x}=2\sqrt{|y|}, y=x|x|, -\infty<x<\infty$;

(3) $x\dfrac{\mathrm{d}y}{\mathrm{d}x}=1, y=\ln(Cx), x>0, (C>0)$;

(4) $\dfrac{\mathrm{d}y}{\mathrm{d}x}=\sqrt{1+x^3}, y=\displaystyle\int_0^x\sqrt{1+t^3}\mathrm{d}t, -1<x<\infty$;

(5) $\dfrac{\mathrm{d}y}{\mathrm{d}x}=2x\sqrt{1+x^6}, y=\displaystyle\int_0^{x^2}\sqrt{1+t^3}\mathrm{d}t, -\infty<x<\infty$;

(6) $\dfrac{\mathrm{d}^2y}{\mathrm{d}x^2}+4y=0, y=C_1\cos 2x+C_2\sin 2x, -\infty<x<\infty$.

3. 确定 m 的值使得下面方程存在给定形式的解:

(1) $y''-5y'+6y=0, y=\mathrm{e}^{mx}$;

(2) $y''+10y'+25y=0, y=\mathrm{e}^{mx}$;

(3) $x^2y''-y=0, y=x^m$;

(4) $x^2y''+6xy'+4y=0, y=x^m$;

(5) $y'=(y\ln y)/x, y=m\mathrm{e}^x$;

(6) $y'=3y, y=m\mathrm{e}^{mx}$.

4. 确定以下列单参数函数族为通解的微分方程:

(1) $y=C\mathrm{e}^{3x}$;

(2) $y^2=Cx$;

(3) $x^2+y^2=C^2$;

(4) $x\ln y=C$.

5. 确定以 $y=y(x)$ 为解的微分方程:

(1) $y(x)$ 的图像在 (x,y) 处的斜率等于 (x,y) 到 $(0,0)$ 的距离;

(2) $y(x)$ 的图像在 (x,y) 处的切线通过点 $(x+y,x+y)$.

(Ⅱ) **答案或提示**

1. (1) 2 阶线性；(2) 3 阶非线性；(3) 1 阶非线性；(4) 4 阶线性；(5) 2 阶非线性；(6) 1 阶线性；(7) 3 阶线性.

2. 利用解的定义.

3. (1) $m=2,3$；(2) $m=-5$ ；(3) $m=\dfrac{1\pm\sqrt{5}}{2}$；(4) $m=-1,-4$；(5) $m=1$；(6) $m=0,3$.

4. 提示：对所给函数族关于自变量求导，然后消除任意常数.

(1) $y'=3y$;

(2) $2xy'=y$;

(3) $x+yy'=0$;

(4) $y\ln y+xy'=0$.

5. (1) $y'=\sqrt{x^2+y^2}$；(2) $yy'=x$.

1.2　积分法与可分离变量方程

1.2.1　基本问题

1. 如何求可分离变量方程的通解与所有解？

2. 试分别给出通解是所有解, 通解不是所有解的例子.

3. 试作出微分方程 $\dfrac{\mathrm{d}y}{\mathrm{d}x}=\sqrt{1-y^2}$ 的积分曲线示意图，并由此来理解其通解的定义区间.

4. 什么是齐次方程，如何求齐次方程的通解？

5. 如何 (分多种情况) 求形如 $\dfrac{\mathrm{d}y}{\mathrm{d}x}=f\left(\dfrac{ax+by+m}{cx+ey+n}\right)$ 的一阶微分方程的通解？请给出分类总结.

1.2.2　主要内容与注释

本节介绍了几类一阶常微分方程的求解方法，主要内容可分为两部分: 一部分是可分离变量方程的求解方法，求解问题转化为求积分问题；另一部分是能够通过适当的变换转化为可分离变量方程之若干方程的求解，关键的一步是根据方程特点寻找合适的变量变换.

形如

$$\frac{\mathrm{d}y}{\mathrm{d}x}=f(x)h(y)$$

的方程称为可分离变量方程. 其求解过程可分为三步.

(1) 求特解，即求出使 $h(y)=0$ 的常数解；

(2) 变形 (分离变量)，即对 $h(y)\neq 0$, 方程等价于

$$\frac{\mathrm{d}y}{h(y)}=f(x)\mathrm{d}x.$$

(3) 积分，即对上述方程两边求积分可得通解

$$\int \frac{\mathrm{d}y}{h(y)}=\int f(x)\mathrm{d}x+C$$

或写成

$$\int_{y_0}^{y} \frac{\mathrm{d}y}{h(y)}=\int_{x_0}^{x} f(x)\mathrm{d}x+C,$$

其中 $x,x_0\in I$, $y,y_0\in J$, I 与 J 分别是函数 f 与 h 的定义区间. 这里注意，数 x_0 与 y_0 可以任意取定，而且容易验证，它们无论具体取何值，上式都是通解. 上面两式给出的解在形式上有所不同，但本质上是一个 (因为任意常数 C 可以任意取值).

理论上，通过直接积分法就可以求出通解，而其所有解就是通解加上由方程 $h(y)=0$ 所得的常数解. 常数解可能存在 (一个或多个)，也可能不存在. 很显然，求解这类方程的关键就是数学分析中学过的积分方法. 然而，重要的并不是求出显式的积分，而是求解微分方程的方法和思路.

容易求出可分离变量方程

$$\frac{\mathrm{d}y}{\mathrm{d}x}=\frac{y}{1+x}$$

的通解，即 $y=C(1+x)$. 这里应当注意，这个通解的定义域是 $1+x>0$ 或 $1+x<0$. 又易知，方程

$$\frac{\mathrm{d}y}{\mathrm{d}x}=\sqrt{1-y^2}$$

的通解是 $y=\sin(x+C)$, 而从其求解过程可知应该有 $-\frac{\pi}{2}<x+C<\frac{\pi}{2}$. 然而，再观察原方程，可知上述通解的定义域可以放宽到 $-\frac{\pi}{2}\leqslant x+C\leqslant\frac{\pi}{2}$. 请思考：这个定义域还能再放宽吗？事实上，单就这个通解而言，其定义域不能再放宽了. 换句话说，如果定义域再放宽，则所得的通解就是另外一种形式. 事实上，我们可以给出这一方程分段形式的通解 (对原通解扩充而成)，即

$$y=\begin{cases}-1, & x+C\leqslant -\dfrac{\pi}{2},\\ \sin(x+C), & -\dfrac{\pi}{2}<x+C<\dfrac{\pi}{2},\\ 1, & x+C\geqslant \dfrac{\pi}{2},\end{cases}$$

其定义域是整个实轴.

上述例子表明，一个方程的通解的表达式不是唯一的，其形式可以有多种，但一个共性是，任一通解都必须含有任意常数. 此外，我们还提醒一下，通解的定义域还可能与任意常数有关. 例如，易知方程$2y\dfrac{\mathrm{d}y}{\mathrm{d}x}=1$ 的通解是 $y^2=x+C$, 其定义域显然是 $x+C\geqslant 0$. 又如，一阶微分方程

$$\frac{\mathrm{d}y}{\mathrm{d}x}=\sqrt{y}$$

的通解为 $\sqrt{y}=\dfrac{x+C}{2}$, 其定义域也为 $x+C\geqslant 0$.

许多方程，并不是可分离变量的，但可以通过引入适当的变量变换转化成可分离变量的方程. 常见的有两类微分方程，可以转化成可分离变量方程来求解，一类是所谓的齐次方程，即形如

$$\frac{\mathrm{d}y}{\mathrm{d}x}=g\left(\frac{y}{x}\right)$$

的一阶微分方程，或写成对称形式 $M(x,y)\mathrm{d}x+N(x,y)\mathrm{d}y=0$, 其中 M, N 为齐次函数，即存在实数 α, 使 (满足下式的函数 M 与 N 称为 α 次齐次函数)

$$M(tx,ty)=t^{\alpha}M(x,y),\quad N(tx,ty)=t^{\alpha}N(x,y),\quad t>0$$

成立. 利用变换$u=\dfrac{y}{x}$, 这两种形式的齐次方程都能够化为可分离变量方程来求解，需要注意的是获得新方程的第一步是先对变量变换两边求导或求微分.

另一类是形如

$$\frac{\mathrm{d}y}{\mathrm{d}x}=f\left(\frac{ax+by+m}{cx+ey+n}\right)$$

的一阶微分方程. 易见下述方程

$$\frac{\mathrm{d}y}{\mathrm{d}x}=f(ax+by+c)$$

包含在上述形式中. 需要注意的是，对不同的情况，相应的变量变换有所不同. 建议读者对所有可能的情况给出详细的总结，并进行认真的思考，特别请考虑下面两个细节：

(1) 当 $ae-bc\neq 0$ 时，所用变换是什么，其几何意义如何，新方程是怎么获得的，原方程中的量 m, n 是如何消除的?

(2) 当 $ae-bc=0$ 时，给出所有可能出现的情况，并对每一种情况给出求解的思路 (由类似性，一般文献中仅考虑了一部分情况).

我们特别强调指出，变量变换是求解微分方程的重要工具，因为它可以使本来不能直接求解的方程变得可以直接求解. 至于做什么样的变量变换，没有统一的方法，只能是具体情况具体分析，有时候需要多次试验方能找到合适的变换，有时候

根本找不到合适的变换. 对根本求不出解的常微分方程，为研究其解的性质，变量变换方法仍起着十分重要的作用.

本节的难点可以说有如下两点:

(1) 求积分 (对可分离变量方程而言);

(2) 利用合适的变换 (商变换或线性变换) 将几类不能直接求积的方程转化为可分离变量方程.

本节求解方程的思路是先考虑较简单的方程，再考虑较复杂的方程. 求解的方法是先直接可积再间接可积. 需要注意的是不要忽略了求特解，也不要忘记还原到原变量.

1.2.3 习题 1.2 及其答案或提示

(Ⅰ) **习题 1.2**

1. 先求下面方程的通解再求满足定解条件的特解:

(1) $y'=x(1-x),\ y(0)=1$;

(2) $y'=\dfrac{x}{1-x^2},\ y(0)=1$;

(3) $y'=(1+x)^2,\ y(1)=2$;

(4) $y'=x\mathrm{e}^x,\ y(0)=1$;

(5) $y''=\sin x,\ y(0)=y'(0)=1$;

(6) $y'''=1,\ y(0)=y'(0)=y''(0)=0$;

(7) $y''''=x,\ y(0)=y'(0)=0, y''(0)=y'''(0)=1$.

2. 用变量分离法求解下面方程，并确定满足初值条件的特解:

(1) $yy'=x^2,\ y(2)=1$;

(2) $y'=x^2(1+y^2),\ y(0)=0$;

(3) $\mathrm{d}x+\mathrm{e}^x y\mathrm{d}y=0,\ y(0)=1$;

(4) $\cos u\mathrm{d}u-\sin v\mathrm{d}v=0,\ (u,v)=\left(\dfrac{\pi}{2},\dfrac{\pi}{2}\right)$;

(5) $y\sqrt{1-x^2}\mathrm{d}y=\mathrm{d}x,\ (x,y)=(0,\pi)$;

(6) $\dfrac{\mathrm{d}y}{\mathrm{d}x}=\dfrac{xy+3x-y-3}{xy-2x+4y-8},\ y(0)=1$;

(7) $\sec y\dfrac{\mathrm{d}y}{\mathrm{d}x}+\sin(x-y)=\sin(x+y),\ y\left(\dfrac{\pi}{2}\right)=1$.

3. 选择适当变量变换求解下列方程:

(1) $y'=2x+y+3$;

(2) $y'=(x-y)^2$;

(3) $x^2y'=x^2+y^2$;

(4) $y'=\dfrac{2x+y}{2x+y+1}$;

(5) $y' = \dfrac{x+y+1}{x+2y+3}$;

(6) $(x+y)\mathrm{d}y = (x-y+1)\mathrm{d}x$;

(7) $(2x-3y+4)\mathrm{d}x + (3x-2y+1)\mathrm{d}y = 0$;

(8) $(4x+3y-7)\mathrm{d}x + (3x-7y+4)\mathrm{d}y = 0$.

4. 求一条曲线，使它的任意切线和横轴的交点到切点和坐标原点的距离相等.

5. 放射性物质在单位时间内衰变的质量和物质在被研究时刻的质量成比例，已知一种放射性物质在 30 天内衰变了它原来质量的 50%. 试问多少天后只剩下原来质量的 1%？

6. 假设一个动物种群的数量为 $P(t)$，雌性仅因为繁殖后代的目的才与雄性会面，因此认为相遇次数与 $P/2$ 的雌性和 $P/2$ 的雄性的乘积成比例，即与 P^2 成比例. 于是可以假设它以 kP^2(每单位时间，k 为常数) 的速度繁衍后代. 如果死亡率为常数 δ，则得到种群增长模型

$$\frac{\mathrm{d}P}{\mathrm{d}t} = kP^2 - \delta P = kP(P-M),$$

其中 $M = \delta/k > 0$(由于种群数量严格地取决于其初始数量 P_0 大于还是小于 M，常称 M 为**门槛数量**).

现在假设一个种群的增长模型由微分方程

$$\frac{\mathrm{d}P}{\mathrm{d}t} = 0.0004P^2 - 0.06P$$

刻画. 试求 P_0 分别取值 100 和 200 时 $P(t)$ 的表达式, 并观察 t 趋于无穷时 $P(t)$ 的极限.

(Ⅱ) 答案或提示

1. (1) $y = \dfrac{x^2}{2} - \dfrac{x^3}{3} + 1$;

(2) $y = -\dfrac{1}{2}\ln(1-x^2) + 1$;

(3) $y = \dfrac{(1+x)^3}{3} - \dfrac{2}{3}$;

(4) $y = (x-1)\mathrm{e}^x + 2$;

(5) $y = -\sin x + 2x + 1$;

(6) $y = \dfrac{x^3}{6}$;

(7) $y = \dfrac{x^5}{120} + \dfrac{x^3}{6} + \dfrac{x^2}{2}$.

2. (1) $y^2 = \dfrac{2x^3}{3} - \dfrac{13}{3}$;

(2) $y=\tan\left(\dfrac{x^3}{3}\right)$;

(3) $y^2=2\mathrm{e}^{-x}-1$;

(4) $\sin u+\cos v=1$;

(5) $y^2=2\arcsin x+\pi^2$;

(6) $\left(\dfrac{x+4}{y+3}\right)^5=\mathrm{e}^{x-y+1}$;

(7) $\tan y=\mathrm{e}^{2\sin x-2}\tan 1$.

3. (1) $2x+y+5=c\mathrm{e}^x$;

(2) $(x-y-1)(c\mathrm{e}^{2x}-1)=2$;

(3) $\dfrac{2\sqrt{3}}{3}\arctan\left[\dfrac{\sqrt{3}\left(\dfrac{2y}{x}-1\right)}{3}\right]=\ln|x|+c$;

(4) $\dfrac{1}{3}(y-x)+\dfrac{1}{9}\ln|6x+3y+2|=c$;

(5) $\dfrac{1}{2\sqrt{2}}\ln\left|\dfrac{x-1+\sqrt{2}(y+2)}{x-1-\sqrt{2}(y+2)}\right|-\dfrac{1}{2}\ln\left|1-2\dfrac{(y+2)^2}{(x-1)^2}\right|=\ln|x-1|+c$, $y+2=\pm\dfrac{\sqrt{2}}{2}(x-1)$;

(6) $\left(x+\dfrac{1}{2}\right)^2\left[\left(\dfrac{y-\dfrac{1}{2}}{x+\dfrac{1}{2}}\right)^2+2\dfrac{y-\dfrac{1}{2}}{x+\dfrac{1}{2}}-1\right]=c$;

(7) $c(x-1)^4\left(\dfrac{y-2}{x-1}+1\right)^5=\dfrac{y-2}{x-1}-1$;

(8) $(x-1)^2\left[7\left(\dfrac{y-1}{x-1}\right)^2-6\left(\dfrac{y-1}{x-1}\right)-4\right]=c$.

4. $y=c(x^2+y^2)$. 提示：设所求曲线为 $y=y(x)$，则其上任一点 $B(x,y)$ 的切线为 $Y=y+y'(X-x)$，该切线与横轴的交点为 $A\left(x-\dfrac{y}{y'},0\right)$，依题意有 $\overline{AB}=\overline{OA}$，由此可得齐次方程 $y'=\dfrac{2xy}{x^2-y^2}$.

5. $t=60\log_2 10$.

6. (1) $P(t)=150\left(1+\dfrac{\mathrm{e}^{0.06t}}{2}\right)^{-1}$；(2) $P(t)=150\left(1-\dfrac{\mathrm{e}^{0.06t}}{4}\right)^{-1}$.

1.3 线 性 方 程

1.3.1 基本问题

1. 如何求标准形式的一阶线性方程

$$\frac{\mathrm{d}y}{\mathrm{d}x}+P(x)y=f(x)$$

的通解? 它包含所有解吗? 为什么?

2. 初值问题

$$\frac{\mathrm{d}y}{\mathrm{d}x}+P(x)y=f(x),\quad y(x_0)=y_0$$

解的表达式是什么，是怎么获得的?

3. 常数变易法的本质是什么? 试按这个解释重新求解一阶线性方程.

4. 什么是伯努利方程，如何求其解?

5. 证明下述一阶微分方程的初值问题

$$\frac{\mathrm{d}y}{\mathrm{d}x}+P(x)y=f(x,y),\quad y(x_0)=y_0$$

的解满足积分方程

$$y(x)=y_0\mathrm{e}^{-\int_{x_0}^{x}P(u)\mathrm{d}u}+\mathrm{e}^{-\int_{x_0}^{x}P(u)\mathrm{d}u}\int_{x_0}^{x}\mathrm{e}^{\int_{x_0}^{u}P(\tau)\mathrm{d}\tau}f(u,y(u))\mathrm{d}u.$$

1.3.2 主要内容与注释

求解标准形式的一阶线性方程

$$\frac{\mathrm{d}y}{\mathrm{d}x}+P(x)y=f(x)$$

有两种方法，即指数积分因子法和常数变易法，它们都是很经典的方法，所有常微分方程文献都会讲到. 所得到的通解如下：

$$y=C\mathrm{e}^{-\int P(x)\mathrm{d}x}+\mathrm{e}^{-\int P(x)\mathrm{d}x}\int\mathrm{e}^{\int P(x)\mathrm{d}x}f(x)\mathrm{d}x,$$

其中 C 为任意常数. 当然，这个通解也可以写成

$$y(x)=C\mathrm{e}^{-\int_{x_0}^{x}P(u)\mathrm{d}u}+\mathrm{e}^{-\int_{x_0}^{x}P(u)\mathrm{d}u}\int_{x_0}^{x}\mathrm{e}^{\int_{x_0}^{u}P(\tau)\mathrm{d}\tau}f(u)\mathrm{d}u,$$

其中 x_0 为函数 P 与 f 的公共定义域中任一点. 如果上述解满足条件 $y(x_0)=y_0$，就可以唯一地确定常数 $C=y_0$, 于是我们立即获得初值问题

$$\frac{\mathrm{d}y}{\mathrm{d}x}+P(x)y=f(x),\quad y(x_0)=y_0$$

解的表达式

$$y(x) = y_0 \mathrm{e}^{-\int_{x_0}^{x} P(u)\mathrm{d}u} + \mathrm{e}^{-\int_{x_0}^{x} P(u)\mathrm{d}u} \int_{x_0}^{x} \mathrm{e}^{\int_{x_0}^{u} P(\tau)\mathrm{d}\tau} f(u)\mathrm{d}u. \tag{1.1}$$

这一公式常称为常数变易公式. 不难证明，上述通解包含了所求线性方程的所有解 (先考虑齐次方程，再考虑一般情形).

事实上，从通解的求解过程来看，任何可能的解都没有丢失. 首先，若 $y = \varphi(x)$ 是相应的线性齐次方程的任一非零解，则存在 x_0 使 $\varphi(x_0) \neq 0$, 于是当 $|x - x_0|$ 充分小时 $\varphi(x)$ 满足

$$\frac{\mathrm{d}\varphi}{\varphi(x)} = -P(x)\mathrm{d}x,$$

两边对 x 积分，经整理可知必有 $c_0 \neq 0$ 使 $\varphi(x) = c_0 \mathrm{e}^{-\int P(x)\mathrm{d}x}$, 因此线性齐次方程的通解包含了所有解，由此进一步可证，线性非齐次方程的通解也是这样.

我们已经熟悉了常数变易法，这一方法在今后学习线性微分方程组时还要用到. 请思考这样一个问题：常数变易法的本质是什么？这个方法就是把线性齐次方程通解里的任意常数“升级”为函数，而让这个通解成为相应的线性非齐次方程的解，因此，常数变易法的本质就是变量变换. 既然是这样，就有新变量，事实上，就是把齐次线性方程 $\dfrac{\mathrm{d}y}{\mathrm{d}x} + P(x)y = 0$的通解 $y = C\mathrm{e}^{-\int P(x)\mathrm{d}x}$ 中的任意常数 C 升级成为新变量，此时重复演算一下常数变易法的过程就会有更进一步的理解. 为什么把它看成是新变量就可以求出解来呢？这是古人试验出来的，对线性方程这么做就行得通，对非线性方程则一般行不通.

积分因子概念和积分因子方法在 1.4 节还要做进一步研究，本节只是用这一方法求解一阶线性方程 (并没有给出积分因子的定义). 不论是积分因子方法还是常数变易方法，它们的共同点是：把一阶线性方程转化成较为简单的关于新变量 $u = y\mathrm{e}^{\int P(x)\mathrm{d}x}$ 可以直接求解的方程.

有些非线性方程可以经非线性的变量代换化为线性方程，伯努利方程就是这样一类方程，其一般形式为

$$\frac{\mathrm{d}y}{\mathrm{d}x} + P(x)y = f(x)y^n, \quad n \neq 0, 1.$$

两端除以 y^n, 上式成为

$$y^{-n}\frac{\mathrm{d}y}{\mathrm{d}x} + P(x)y^{1-n} = f(x),$$

或

$$\frac{1}{1-n}\frac{\mathrm{d}y^{1-n}}{\mathrm{d}x} + P(x)y^{1-n} = f(x),$$

由此可以看出，令 $z = y^{1-n}$, 上式就成为关于 z 的线性方程了, 从而可以求解. 这里指出一点，当 $n > 0$ 时，上述伯努利方程有特解 $y = 0$.

在线性方程中加一个非线性的二次项，就是所谓的里卡蒂 (Riccati，意大利，1676—1754) 方程，它可写成下述形式

$$\frac{\mathrm{d}y}{\mathrm{d}x}=P(x)y^2+Q(x)y+R(x),$$

这类方程一般来说是无法求出通解的，例如，很简单的形式 $\frac{\mathrm{d}y}{\mathrm{d}x}=x^2+y^2$ 就求不出通解. 但可证, 如果已知其一个特解 $y=f(x)$，便可以求出其通解了. 事实上, 引入新变量 $z=y-f(x)$(变量变换)，所述里卡蒂方程就可以转化成一个特殊形式的伯努利方程，从而可求出通解. 例如，考虑下述里卡蒂方程

$$\frac{\mathrm{d}y}{\mathrm{d}x}=-\frac{(xy-2)^2}{x^2},$$

验证易知它有特解 $y=\frac{1}{x}$. 请读者求出其通解. 又如，里卡蒂方程

$$\frac{\mathrm{d}y}{\mathrm{d}x}=-y^2+x^2+1$$

有特解 $y=x$, 引入变换 $u=y-x$ 可得伯努利方程

$$\frac{\mathrm{d}u}{\mathrm{d}x}=-u^2-2xu,$$

再令 $z=u^{-1}$, 化为线性方程就可以求解了.

一般来说，非线性方程的初值问题

$$\frac{\mathrm{d}y}{\mathrm{d}x}+P(x)y=f(x,y),\quad y(x_0)=y_0$$

的解 $y(x)$ 是无法用显式来表达的, 但注意到这个解可视为 “线性” 初值问题

$$\frac{\mathrm{d}y}{\mathrm{d}x}+P(x)y=f(x,y(x)),\quad y(x_0)=y_0$$

的解, 从而利用线性方程的常数变易公式就可以获得解 $y(x)$ 满足的积分方程

$$y(x)=y_0\mathrm{e}^{-\int_{x_0}^{x}P(u)\mathrm{d}u}+\mathrm{e}^{-\int_{x_0}^{x}P(u)\mathrm{d}u}\int_{x_0}^{x}\mathrm{e}^{\int_{x_0}^{u}P(\tau)\mathrm{d}\tau}f(u,y(u))\mathrm{d}u. \tag{1.2}$$

我们说这个方程是个积分方程，是因为它出现了积分，而且含有未知函数. 微分方程转化为积分方程并没有将未知函数真正解出来，但这个转化确实很有用，因为 (以后将证明) 在一定条件下这个解是存在唯一的，而利用积分方程 (1.2) 可以更细致地分析解的性质，诸如稳定性、吸引性与有界性等，这些已超出本课程的范围，但在研究生的常微分方程课程中会深入研究这些问题.

1.3.3 习题 1.3 及其答案或提示

(Ⅰ) **习题 1.3**

1. 先求下面方程的通解再求满足定解条件的特解:

(1) $y'+y=\mathrm{e}^x,\ y(0)=0$;

(2) $y'=2y-x\mathrm{e}^{-2x},\ y(0)=1$;

(3) $y'+y\tan x=\sec x,\ y(\pi)=2$;

(4) $(2x+1)y'=4x+2y,\ y(0)=-1$;

(5) $(xy+\mathrm{e}^x)\mathrm{d}x-x\mathrm{d}y=0,\ y(1)=3$.

2. 下面方程的书写形式都不属于线性方程，但是当我们改变自变量和因变量的地位后可以将其化成线性方程，求出其通解:

(1) $\dfrac{\mathrm{d}y}{\mathrm{d}x}=\dfrac{1}{x+y}$;

(2) $\dfrac{\mathrm{d}y}{\mathrm{d}x}=\dfrac{y}{x+y^2\mathrm{e}^{-y}}$;

(3) $(2\mathrm{e}^y-x)y'=1$;

(4) $(\sin^2 y+x\cot y)y'=1$;

(5) $(x+y^2)\mathrm{d}y=y\mathrm{d}x$.

3. 选择适当替换求解下面特殊的二阶与三阶微分方程:

(1) $y''+y'=1$;

(2) $y''+\dfrac{y'}{x}=1$;

(3) $y'''+y''=0$;

(4) $y'''+\dfrac{y''}{x}=x$.

4. 设由坐标轴，一条曲线的切线和从切点处所做垂直于横轴的直线围成的梯形面积是 3. 求该条曲线的方程.

5. 在一个桶中盛有 100 升溶液，其中包含 10 千克盐. 把水以 5 升/秒的速度注入桶内，而把混合液以相同的速度转注入另一个容积为 100 升的桶内. 这个桶起初盛满纯水，过剩的液体从这个桶内流出，试问何时第二个桶内盐量最大? 它等于多少?

6. 求下面非线性方程在给定点附近的线性化方程:

(1) $y'=y^3+y,\ y_0=0$;

(2) $y'=x\arctan y,\ y_0=1$;

(3) $y'=-\sin y,\ y_0=0$;

(4) $y'=x^2y^2,\ y_0=-2$.

7. 方程 $y'=xy^2$ 在 $y=3$ 处的线性化方程为$y'=6xy-9x$, 分别求出它们满足 $y(0)=3$ 的解 y_1 与 y_2, 并比较二者在 $x=\dfrac{1}{2}$ 处的值.

8. 求解下列伯努利方程:

(1) $y' = y - y^4,\ y(0) = \dfrac{1}{2}$;

(2) $x^2 y' - xy = y^2,\ y(1) = 1$;

(3) $xy' + 4y = x^4 y^2,\ y(1) = 1$;

(4) $y' + \dfrac{1}{3}y = \dfrac{1}{3}(1-2x)y^4,\ y(0) = -1$.

9. 给出一阶微分方程 $\dfrac{\mathrm{d}y}{\mathrm{d}x} + P(x)y = f(x)$ 两个不同的解，用它们表示这个方程的通解.

(Ⅱ) **答案或提示**

1. (1) $y = \dfrac{1}{2}(\mathrm{e}^x - \mathrm{e}^{-x})$;

(2) $y = \dfrac{1}{4}\left(x + \dfrac{1}{4}\right)\mathrm{e}^{-2x} + \dfrac{15\mathrm{e}^{2x}}{16}$;

(3) $y = \sin x - 2\cos x$;

(4) $y = (2x+1)\ln|2x+1| - 4x - 1$;

(5) $y = \mathrm{e}^x \ln x + 3\mathrm{e}^{x-1}$.

2. (1) $x = c\mathrm{e}^y - y - 1$;

(2) $x = (c - \mathrm{e}^{-y})y$;

(3) $x = \mathrm{e}^y + c\mathrm{e}^{-y}$;

(4) $x = c\sin y - \dfrac{\sin(2y)}{2}$;

(5) $x = y^2 + cy$.

3. (1) $y = x + c\mathrm{e}^{-x} + c_1$;

(2) $y = \dfrac{x^2}{4} + c_1 \ln|x| + c_2$;

(3) $y = c\mathrm{e}^{-x} + c_1 x + c_2$;

(4) $y = \dfrac{x^4}{36} + c_2 x \ln x + c_1 x + c_3$.

4. $y = \dfrac{2}{x} + cx^2$.

5. $\dfrac{\mathrm{d}x}{\mathrm{d}t} = -5 \cdot \dfrac{x}{100},\ x(0) = 10$;　$\dfrac{\mathrm{d}y}{\mathrm{d}t} = 5 \cdot \dfrac{x}{100} - 5 \cdot \dfrac{y}{100},\ y(0) = 0$. 其中 x 与 y 分别表示第一桶、第二桶的含盐量. 解方程可得 $y(t) = \dfrac{1}{2}t\mathrm{e}^{-t/20}$. 进一步可知 $t = 20:\ y_{\max} = 10\mathrm{e}^{-1}$.

6. (1) $y' = y$;

(2) $y' = \dfrac{xy}{2} + \left(\dfrac{\pi}{4} - \dfrac{1}{2}\right)x$;

(3) $y' = -y$;

(4) $y' = -4x^2y - 4x^2$.

7. $y_1 = \dfrac{6}{2-3x^2}$; $y_2 = \dfrac{3}{2} + \dfrac{3e^{3x^2}}{2}$.

8. (1) $y^3 = (1+7e^{-3x})^{-1}$;

(2) $y = \dfrac{x}{1-\ln|x|}$;

(3) $y = -\dfrac{1}{x^4(\ln|x|-1)}$;

(4) $y^3 = -(2x+1)^{-1}$.

9. $y = c(y_2 - y_1) + y_1$.

1.4 恰当方程

1.4.1 基本问题

1. 什么是恰当方程 (可以比较多本文献中的定义)? 如何判定一阶微分方程

$$P(x,y)dx + Q(x,y)dy = 0$$

是一恰当方程?

2. 如何 (有几种方法) 求解恰当方程，其通解包含其所有解吗?

3. 恰当方程的判定定理是怎么叙述的，如何证明的? 对证明过程进行总结并思考: 证明中用到数学分析中哪些知识 (定理)? 再思考: 这一判定定理的条件还能减弱吗?

4. 什么是积分因子? 建议比较两三本同类书中的对积分因子的定义.

5. 如何判断和寻求一阶微分方程

$$P(x,y)dx + Q(x,y)dy = 0$$

有只与 x 或 y 有关的积分因子?

1.4.2 主要内容与注释

本节引出一类微分方程，称之为恰当方程. 主要内容之一是研究恰当方程的判定条件和求解方法, 重点和难点是判定定理 (即定理 1.1，见 P19) 的证明. 主要内容之二是研究比恰当方程更一般但却可以转化为恰当方程的方程, 关键问题是寻求积分因子. 下面我们论述主要结果与方法，并对难点做出一些注释.

本节内容涉及数学分析的诸多概念和定理. 首先是区域的定义, 即我们说一个平面点集 G 是一个区域, 如果它可以表示成一非空连通开集与该开集部分边界的并. 其次是可微的概念. 对一元函数, 可微与可导是等价的, 对二元函数 $F(x,y)$ 来说, 它在某点 (x_0,y_0) 可微, 如果存在常数 A 与 B, 使

$$F(x,y)-F(x_0,y_0)=A(x-x_0)+B(y-y_0)+o(\sqrt{(x-x_0)^2+(y-y_0)^2})$$

成立, 此时, 我们称 $A(x-x_0)+B(y-y_0)$ 为 F 在 (x_0,y_0) 的微分, 记为

$$\mathrm{d}F=A\mathrm{d}x+B\mathrm{d}y.$$

下列定理给出了可微与偏导数的关系.

定理 A *如果函数 F 在某区域 G 内处处可微, 则 F_x 与 F_y 在 G 内处处存在, 且 $\mathrm{d}F=F_x\mathrm{d}x+F_y\mathrm{d}y$ 成立, 称其为 F 的微分. 反之, 若 F_x 与 F_y 在 G 内处处存在且连续, 则函数 F 在 G 内处处可微.*

学过了以上几节内容, 现在我们已经知道, 一阶微分方程的通解含有一个任意常数. 反之, 形如 $F(x,y)=C$ 的二元方程族 (其中 C 是任意常数) 也能确定一个一阶微分方程, 即

$$F_x\mathrm{d}x+F_y\mathrm{d}y=0.$$

这里用到数学分析中学过的二元函数的微分公式:

$$\mathrm{d}F=F_x\mathrm{d}x+F_y\mathrm{d}y.$$

上述简单推导蕴含着求解一阶微分方程的一种方法. 详细来说, 对一个给定的一阶微分方程

$$P(x,y)\mathrm{d}x+Q(x,y)\mathrm{d}y=0, \tag{1.3}$$

如果存在一个二元函数 $F(x,y)$, 使得 $P(x,y)=F_x(x,y)$, $Q(x,y)=F_y(x,y)$, 则上述方程 (1.3) 就可以写成 $F_x\mathrm{d}x+F_y\mathrm{d}y=0$, 即 $\mathrm{d}F=0$, 积分之, 即得 $F(x,y)=C$, 这就是上述方程的通解. 由此就引出了恰当方程的概念. 一般来说, 可以要求函数 P 与 Q 在某平面区域上有定义且连续, 进而, 如果存在该区域上的可微函数 F, 使得

$$\mathrm{d}F=P\mathrm{d}x+Q\mathrm{d}y$$

成立, 则称一阶微分方程 $P\mathrm{d}x+Q\mathrm{d}y=0$ 为这个区域上的恰当方程. 在这个定义中, 我们没有明确要求函数 F 有连续的偏导数, 但事实上, F_x 与 F_y 都是连续的, 因为必有 $F_x=P, F_y=Q$. 此外, 我们未要求函数 P 与 Q 是可微的, 尽管许多实例中所出现的函数都是可微的, 甚至是无穷次可微的.

由上面的讨论易见，恰当方程是很容易求解的，于是紧接着需要解决的问题就是如何判定一个一阶微分方程是不是恰当方程，这就是定理 1.1 要解决的问题，在一定条件下，定理 1.1 给出了判定上述一阶微分方程是一恰当方程的充分必要条件，即

定理 1.1 *若 $P(x,y)$, $Q(x,y)$ 在某矩形区域 R 内有连续的一阶偏导数，则方程 (1.3) 是恰当方程的充分必要条件是 $P_y(x,y) = Q_x(x,y)$ 在矩形 R 上成立.*

一般常微分方程书中对上述定理都有详细的证明. 该证明有一定难度，现在我们来简述并分析这个证明. 首先证明必要性，即假设 $P\mathrm{d}x + Q\mathrm{d}y = 0$ 是恰当方程，则依定义存在可微函数 $F(x,y)$, 使 $F_x = P$, $F_y = Q$ 在矩形 R 上成立. 由假设知，P_y 与 Q_x 存在且连续，于是得到

$$P_y = F_{xy} = F_{yx} = Q_x.$$

即必要性得证.

再证充分性. 设 $P_y = Q_x$ 在矩形 R 上成立，要证存在 R 上的连续可微函数 $F(x,y)$, 使 $\mathrm{d}F = P\mathrm{d}x + Q\mathrm{d}y$ 成立. 这等价于求一个满足偏微分方程组

$$F_x = P, \quad F_y = Q$$

的连续可微函数 F.

为此，首先对第一个方程，关于 x 积分，可得

$$F = \int P\mathrm{d}x + \phi(y).$$

于是问题转化为求解上式中的函数 ϕ. 上式两边关于 y 求导，并利用上述偏微分方程组中第二个方程，可得

$$Q = \frac{\partial}{\partial y}\int P\mathrm{d}x + \phi'(y) = \int \frac{\partial P}{\partial y}\mathrm{d}x + \phi'(y),$$

因此有

$$Q - \int \frac{\partial P}{\partial y}\mathrm{d}x = \phi'(y).$$

显然，如果上式的左边与 x 无关，且是 y 的连续函数，那么它就关于 ϕ 有解. 而利用我们所做的假设，易见

$$\frac{\partial}{\partial x}\left(Q - \int \frac{\partial P}{\partial y}\mathrm{d}x\right) = Q_x - P_y = 0.$$

这就是说函数$Q - \int \frac{\partial P}{\partial y}\mathrm{d}x$ 确实是与 x 无关，并关于 y 是连续的. 至此，定理证完.

思考上述证明容易看出, 必要性证明中用到了数学分析中二阶混合偏导数相等的条件, 即下述定理.

定理 B 设二元函数 $f(x,y)$ 在某个开区域 D 内有定义, 且存在一阶偏导数 f_x, f_y 与二阶偏导数 f_{xy}, f_{yx}. 如果 f_{xy} 与 f_{yx} 均在 D 内连续, 则在 D 上 $f_{xy}=f_{yx}$ 成立.

仔细推敲便可以发现 (请读者思考发现之), 定理 1.1 的证明 (的后半部分) 中还用到了含参量积分的求导法则, 即下述定理 (这里给出的是最简单情形, 即积分的上下限与参数无关).

定理 C 设二元函数 $f(x,y)$ 在某个矩形区域 D 内有定义, 且存在一阶偏导数 f_y, 如果函数 $f(x,y)$ 与 $f_y(x,y)$ 均在 D 上连续, 则在 D 上必成立

$$\frac{\partial}{\partial y}\int_{x_0}^{x} f(x,y)\mathrm{d}x=\int_{x_0}^{x}\frac{\partial f}{\partial y}(x,y)\mathrm{d}x.$$

再来分析定理 1.1 的证明, 还可以发现该定理的条件是可以减弱的 (相信读者能够给出其减弱形式, 详见文献 [2]).

事实上, 这一定理的条件 “$P(x,y)$, $Q(x,y)$ 在某矩形区域 R 内有连续的一阶偏导数” 可以减弱为 “$P(x,y)$ 与 $Q(x,y)$ 在某矩形区域 R 内连续, 且存在连续的偏导数 P_y 与 Q_x”.

例如, 按照定义, 下述一阶方程

$$(2|x|+y^2)\mathrm{d}x+2xy\mathrm{d}y=0$$

是一个恰当方程, 也很容易求出原函数 $F(x,y)=x(|x|+y^2)$, 但这个结论却不能应用定理 1.1 来得到.

再回到定理 1.1 充分性部分的证明, 易见证明过程还给出了原函数 F 的求解方法. 现在, 我们给出充分性部分的另一证明, 这一证明需要用到数学分析中的下述定理.

定理 D 设 $P(x,y)$ 与 $Q(x,y)$ 在某矩形区域 R 内连续, 且存在连续的偏导数 P_y 与 Q_x, 则微分式 $P\mathrm{d}x+Q\mathrm{d}y$ 在 R 内的 (第二类曲线) 积分与路径无关的充分必要条件是在 R 中 $P_y=Q_x$ 成立.

下面应用这一定理来证明定理 1.1 的充分性. 为此, 设在矩形 R 上 $P_y=Q_x$ 成立, 则由上述定理, 在区域 R 中任取点 $A=(x_0,y_0)$ 与 $C=(x,y)$, 对微分式 $P\mathrm{d}x+Q\mathrm{d}y$ 从 A 到 C 积分可得一确定的函数, 记其为 $F(x,y)$, 即

$$F(x,y)=\int_A^C P\mathrm{d}x+Q\mathrm{d}y.$$

现令 $B=(x_0,y)$, 并沿折线 $\overline{AB}\bigcup\overline{BC}$ 积分，则有

$$F(x,y)=\int_{x_0}^{x}P(x,y)\mathrm{d}x+\int_{y_0}^{y}Q(x_0,y)\mathrm{d}y. \tag{1.4}$$

由此及 $Q_x=P_y$ 直接可得 $F_x=P$, $F_y=Q$. 即为所证.

恰当方程的求解有几种方法，一般文献中都有涉及，请读者自己总结. 笔者认为最好记忆的是用曲线积分给出的求解公式, 即

$$F(x,y)=\int_{(x_0,y_0)}^{(x,\ y)}P\mathrm{d}x+Q\mathrm{d}y. \tag{1.5}$$

但在计算时，则利用公式 (1.4) 或

$$F(x,y)=\int_{x_0}^{x}P(x,y_0)\mathrm{d}x+\int_{y_0}^{y}Q(x,y)\mathrm{d}y,$$

其中 (x_0,y_0) 是函数 P 与 Q 的 (公共) 定义域中某点. 在实际问题中可选择具体的 (x_0,y_0)，使得便于计算积分. 特别地，如果函数 P 与 Q 的定义域包含原点，则一般取 $x_0=y_0=0$.

有很多方程，不是恰当方程，但在一定条件下，它等价于一个恰当方程，这就有了积分因子的概念. 详细来说，如果有一函数 $\mu(x,y)$, 它在某区域 G 上连续且处处不为零，且使得下述微分方程

$$\mu(x,y)P(x,y)\mathrm{d}x+\mu(x,y)Q(x,y)\mathrm{d}y=0$$

成为一个恰当方程，则称函数 $\mu(x,y)$ 为微分方程 $P\mathrm{d}x+Q\mathrm{d}y=0$ 在 G 上的一个积分因子.

由定理 1.1 即知，如果 P 与 Q 为某区域 G 上的可微函数，则于 G 上非零且可微的函数 $\mu(x,y)$ 是微分方程 $P\mathrm{d}x+Q\mathrm{d}y=0$ 在 G 上的一个积分因子当且仅当

$$(\mu P)_y=(\mu Q)_x$$

或等价于

$$Q\mu_x-P\mu_y=(P_y-Q_x)\mu. \tag{1.6}$$

上式是关于 μ 的一个偏微分方程，如果它在 G 上或 G 的一个子区域上有处处非零的解 $\mu(x,y)$, 那么根据定理 1.1，这个解就是微分方程 $P\mathrm{d}x+Q\mathrm{d}y=0$ 的一个积分因子.

积分因子是不唯一的，同一个方程的积分因子可以很不一样. 对一个给定的一阶微分方程，它什么时候存在积分因子，如何求积分因子，这都是相当困难的问题.

另一方面，我们可以利用式 (1.6) 给出具有特殊形式的积分因子的条件. 例如，设 $P(x,y)$ 与 $Q(x,y)$ 在某矩形区域 R 内连续，且存在连续的偏导数 P_y 与 Q_x，则

(1) 微分方程 $P\mathrm{d}x + Q\mathrm{d}y = 0$ 在 R 内有只与 x 有关的积分因子当且仅当 $(P_y - Q_x)/Q$ 仅与 x 有关，此时积分因子可取为

$$\mu(x) = \mathrm{e}^{\int[(P_y-Q_x)/Q]\mathrm{d}x};$$

(2) 微分方程 $P\mathrm{d}x + Q\mathrm{d}y = 0$ 在 R 内有只与 y 有关的积分因子当且仅当 $-(P_y - Q_x)/P$ 仅与 y 有关，此时积分因子可取为

$$\mu(y) = \mathrm{e}^{-\int[(P_y-Q_x)/P]\mathrm{d}y}.$$

应该说，恰当方程 (又称全微分方程) 与积分因子的定义在很多常微分方程文献中都有给出，但具体叙述却有不同，然而其关键点都是一样的. 通过考察与比较多本书中的定义可以看出哪个描述较好，哪个描述有欠缺，从而更加准确地了解和掌握这两个概念.

对于积分因子，一般只要求它在所述区域上非零且连续，有的文献还要求它有偏导数，其实这是不必要的. 但是，由于我们常常利用偏微分方程 (1.6) 来寻求积分因子，所以，如果 P 与 Q 连续且存在偏导数，则这样得到的积分因子就一定存在偏导数.

一个值得关注的问题是：积分因子 $\mu(x,y)$ 是否一定存在，在什么样的区域上存在？我们目前只能说，在一定条件下积分因子在一定的区域上是一定存在的，明确的答案和详细的证明将在 “第 4 章总结与思考” 一节给出.

1.4.3 习题 1.4 及其答案或提示

(Ⅰ) 习题 1.4

1. 先求下面方程的通解再求满足定解条件的特解:

(1) $(y + 2xy^2)\mathrm{d}x + (x + 2x^2y)\mathrm{d}y = 0,\ y(1) = 1;$

(2) $(y + \mathrm{e}^y)\mathrm{d}x + x(1 + \mathrm{e}^y)\mathrm{d}y = 0,\ y(1) = 0;$

(3) $4x^3y^3\mathrm{d}x + 3x^4y^2\mathrm{d}y = 0,\ y(1) = 1;$

(4) $2x(1 + \sqrt{x^2 - y})\mathrm{d}x - \sqrt{x^2 - y}\mathrm{d}y = 0,\ y(0) = -1;$

(5) $(1 + y^2 \sin 2x)\mathrm{d}x - y\cos 2x\mathrm{d}y = 0,\ y(0) = 3;$

(6) $(1 + \mathrm{e}^{\frac{x}{y}})\mathrm{d}x + \mathrm{e}^{\frac{x}{y}}\left(1 - \dfrac{x}{y}\right)\mathrm{d}y = 0,\ y(0) = 1;$

(7) $\left(\dfrac{x}{\sqrt{x^2+y^2}} + \dfrac{1}{x} + \dfrac{1}{y}\right)\mathrm{d}x + \left(\dfrac{y}{\sqrt{x^2+y^2}} + \dfrac{1}{y} - \dfrac{x}{y^2}\right)\mathrm{d}y = 0,\ y(1) = 1;$

(8) $\left(3x^2\tan y-\dfrac{2y^3}{x^3}\right)\mathrm{d}x+\left(x^3\sec^2 y+4y^3+\dfrac{3y^2}{x^2}\right)\mathrm{d}y=0,\ y(1)=\dfrac{\pi}{4}$.

2. 利用积分因子法求解下列方程:

(1) $(x^4+y^4)\mathrm{d}x-xy^3\mathrm{d}y=0$;

(2) $\mathrm{e}^y\mathrm{d}x-x(2xy+\mathrm{e}^y)\mathrm{d}y=0$;

(3) $(y-1-xy)\mathrm{d}x+x\mathrm{d}y=0$;

(4) $(2xy^2-y)\mathrm{d}x+(y^3+y+x)\mathrm{d}y=0$;

(5) $(y\cos x-x\sin x)\mathrm{d}x+(y\sin x+x\cos x)\mathrm{d}y=0$.

3. 验证积分因子并求解:

(1) $-y^2\mathrm{d}x+(x^2+xy)\mathrm{d}y=0,\ \mu(x,y)=\dfrac{1}{x^2y}$;

(2) $(-xy\sin x+2y\cos x)\mathrm{d}x+2x\cos x\mathrm{d}y=0,\ \mu(x,y)=xy$;

(3) $(x^y+2xy-y^2)\mathrm{d}x+(y^2+2xy-x^2)\mathrm{d}y=0,\ \mu(x,y)=(x+y)^{-2}$;

(4) $y^3\mathrm{d}x+2(x^2-xy^2)\mathrm{d}y=0,\ \mu(x,y)=\dfrac{1}{x^2y}$.

(Ⅱ) 答案或提示

1. (1) $xy+x^2y^2=2$;

(2) $xy+x\mathrm{e}^y=1$;

(3) $x^4y^3=1$;

(4) $x^2+\dfrac{2}{3}(x^2-y)^{\frac{3}{2}}=\dfrac{2}{3}$;

(5) $x-\dfrac{1}{2}y^2\cos(2x)=\dfrac{9}{2}$;

(6) $x+y\mathrm{e}^{\frac{x}{y}}=1$;

(7) $\sqrt{x^2+y^2}+\ln|x|+\ln|y|+\dfrac{x}{y}=1+\sqrt{2}$;

(8) $x^3\tan y+\dfrac{y^3}{x^2}+y^4=1+\left(\dfrac{\pi}{4}\right)^4+\left(\dfrac{\pi}{4}\right)^3$.

2. (1) $\ln|x|-\dfrac{1}{4}x^{-1/4}y^4=c$;

(2) $\dfrac{\mathrm{e}^y}{x}+y^2=c$;

(3) $(1+xy)\mathrm{e}^{-x}=c$;

(4) $x^2-\dfrac{x}{y}+\dfrac{y^2}{2}+\ln|y|=c$;

(5) $(y\sin x+x\cos x-\sin x)\mathrm{e}^y=c$.

3. (1) $\dfrac{y}{x}+\ln|y|=c$, 另有特解 $y=0$.

(2) $x^2y^2\cos x = c$;

(3) $x + y = c(x^2 + y^2)$;

(4) $\dfrac{-y^2}{x} + 2\ln|y| = c$ 及 $y = 0$.

1.5 一阶隐式微分方程

1.5.1 基本问题

1. 如何理解求解一阶隐方程 $F(x,y,y') = 0$ 参数法?

2. 变量 x 或 y 可解出的一阶方程是如何求解的? 试总结出一般步骤.

3. 不显含变量 x 或 y 的一阶隐方程又是怎么求解的?

4. 什么是克莱罗方程，如何求其所有解?

5*. 什么是奇解 (查阅有关文献)? 试研究克莱罗方程 $y = xy' + a(y')^2$ 的奇解，其中 $a \neq 0$ 为常数. 通过阅读一两本文献，试总结整理与奇解、包络相关的知识.

1.5.2 主要内容与注释

前面所讨论的方程是形如$\dfrac{\mathrm{d}y}{\mathrm{d}x} = f(x,y)$ 或 $P(x,y)\mathrm{d}x + Q(x,y)\mathrm{d}y = 0$ 的一阶微分方程, 而本节考虑的是 $\dfrac{\mathrm{d}y}{\mathrm{d}x} = y'$不能明显解出的一阶微分方程，其一般形式是 $F(x,y,y') = 0$，称其为一阶隐方程，主要内容是研究一般形式的一阶隐方程及其几种较特殊情况的求解方法，称之为参数法. 书中所列四种特殊情况可以概括为 “变量 x 或 y 可解出”“不显含变量 x 或 y”. 不管是一般情况还是特殊情况，所用的参数法可以概述为: **首先寻求方程 $F = 0$(定义的曲面或曲线) 的参数形式，其次利用关系 $\mathrm{d}y = y'\mathrm{d}x$ 转化成导数可解出的一阶微分方程，然后再利用前面所学知识进行求解**.

一般情况下，函数 F 是三元函数，此时方程 $F = 0$ 在三维空间确定一个或多个二维曲面，理论上讲，二维曲面可以用含两个参数的参数方程来表示. 如果函数 F 是与 y' 有关的二元函数，即它与 x 无关或与 y 无关，此时方程 $F = 0$ 在二维空间确定一条或多条曲线，从而可以用含一个参数的参数方程来表示. 不论哪一种情况，都可以引入含有一个或两个参数的关系式，再加上 $\mathrm{d}y = y'\mathrm{d}x$，将所给一阶隐方程转化为导数可以解出的一阶微分方程，然后再利用前面介绍的方法来求解，于是就有了求解一阶隐方程的参数法.

上述求解思路是不难理解的，所体现的思想可以用两个字来形容，就是 “转化”，详之就是通过合适的变量变换把隐方程转化为显式方程. 但对给定的一个一阶隐方程，选取合适的参数表达式是不容易的，转化是需要"尝试"的，是需要一些特殊技巧的，而且没有统一有效的办法. 比较容易的是下述两类方程:

(Ⅰ) $y = f(x, y')$;

(Ⅱ) $x = f(y, y')$.

第 (Ⅰ) 个方程可改写为

$$x = x, \quad y = f(x, p), \quad y' = p.$$

于是，利用关系 $\mathrm{d}y = y'\mathrm{d}x$, 可得

$$\mathrm{d}y = p\mathrm{d}x,$$

即

$$f_x\mathrm{d}x + f_p\mathrm{d}p = p\mathrm{d}x.$$

整理得

$$[f_x(x,p) - p]\mathrm{d}x + f_p(x,p)\mathrm{d}p = 0.$$

假设这个方程的通解是 $\varPhi(x,p,C) = 0$, 则原方程的解可以写成下面的联立形式:

$$\begin{cases} \varPhi(x,p,C) = 0, \\ y = f(x,p). \end{cases}$$

此外，易见，如果 $f_x(x,p) - p = 0$ 与 $f_p(x,p) = 0$ 有公共解 $x = \psi(p)$, 则所述方程就有特解 $x = \psi(p)$, $y = f(x,p)$.

克莱罗方程就属于这一类方程，其形式为

$$y = xy' + \phi(y'),$$

其中 ϕ 是一个连续可微函数. 按照上述方法，可求出其通解

$$y = Cx + \phi(C)$$

和一个参数形式的特解

$$\begin{cases} x = -\phi'(p), \\ y = -p\phi'(p) + \phi(p). \end{cases}$$

完全类似地，第 (Ⅱ) 个方程可改写为

$$x = f(y,p), \quad y = y, \quad y' = p,$$

同上，利用关系 $\mathrm{d}y = y'\mathrm{d}x$, 可得

$$\mathrm{d}y = p\mathrm{d}f(y,p) = p[f_y\mathrm{d}y + f_p\mathrm{d}p],$$

即

$$[pf_y(y,p)-1]\mathrm{d}y + pf_p(y,p)\mathrm{d}p = 0.$$

假设这个方程的通解是 $\Psi(y,p,C)=0$, 则原方程的解可以写成下面的联立形式：

$$\begin{cases} \Psi(y,p,C)=0, \\ x = f(y,p). \end{cases}$$

现在，我们来认识一下奇解. 设一阶隐方程 $F(x,y,y')=0$ 有一特解，与之对应的积分曲线记为 L. **如果曲线 L 上任一点 A 都有方程的另一解通过，且与这个解相应的积分曲线在点 A 与曲线 L 相切，则称这一特解为方程的奇解**.

不难证明，如果 $\phi''(p)\neq 0$, 则克莱罗方程的特解一定是奇解. 事实上，在特解对应的曲线 (记为 L) 上任取一点 (x_0,y_0), 则由前面所给出的特解的参数表达式，存在 p_0, 使

$$x_0 = -\phi'(p_0), \quad y_0 = -p_0\phi'(p_0) + \phi(p_0).$$

考察直线 l: $y = p_0x + \phi(p_0)$, 直接验证可知，该直线通过点 (x_0,y_0), 并且是克莱罗方程的解，它可通过取 $C = p_0$ 由通解得到. 进一步，因为 $\phi''(p)\neq 0$，可知曲线 L 在点 (x_0,y_0) 的切线的斜率是

$$\left.\frac{\mathrm{d}y}{\mathrm{d}x}\right|_{(x_0,y_0)} = \left.\left(\frac{\mathrm{d}y}{\mathrm{d}p}\Big/\frac{\mathrm{d}x}{\mathrm{d}p}\right)\right|_{p=p_0} = \frac{-\phi'(p_0) - p_0\phi''(p_0) + \phi'(p_0)}{-\phi''(p_0)} = p_0,$$

于是，直线 l 与曲线 L 在点 (x_0,y_0) 相切. 即为所证.

特别地，特殊形式的克莱罗方程$y = xy' + a(y')^2$(其中 $a\neq 0$ 为常数) 有特解 $y = -\dfrac{x^2}{4a}$，而且是其奇解.

1.5.3　习题 1.5 及其答案或提示

(Ⅰ) **习题 1.5**

1. 求解下面一阶隐方程:

(1) $x^3y'^2 + x^2yy' + 1 = 0$;

(2) $9yy'^2 + 4x^3y' - 4x^2y = 0$;

(3) $x = y'\sin y'$;

(4) $y = (2+y')\sqrt{1-y'}$;

(5) $x^3 + y'^3 - 3xy' = 0$;

(6) $y'^2+2yy'\cot x-y^2=0$;

(7) $(3x+5)y'^2-(3y+x)y'+y=0$;

(8) $2y'^2(y-xy')=1$.

2. 求一条曲线，使它的每条切线在两坐标轴上截出的线段长度的平方的倒数之和为 1.

3. 求一条曲线，使它经过坐标原点，并且它的法线被第一象限角的两边截成的线段长度为 2.

(Ⅱ) **答案或提示**

1. (1) $y=-\dfrac{2}{x^2p}$, $x^3p^2=1$ 或 $x^2p=c$.

(2) $y=\dfrac{4x^3p}{4x^2-9p^2}$, $\dfrac{x^{-2}}{2}+\dfrac{2p^{-2}}{9}=c,\ c\neq 0$; $y=0$.

(3) $x=p\sin p,\ \ y=(p^2-1)\sin p+p\cos p+c$.

(4) $x=3(1-p)^{\frac{1}{2}}+c,\ \ y=(p+2)\sqrt{1-p}$; $y=2$.

(5) $x=\dfrac{3t}{1+t^3}$, $y=\dfrac{12t^3+3}{2(1+t^3)^2}+c$. 提示：$y'=p=tx$.

(6) $x=\operatorname{arccot}\dfrac{y^2-p^2}{2py}$, $p^2=y^2(cy-1)$; $y=0$.

(7) 提示：将 y 解出，就得到一个克莱罗方程.

(8) 提示：将 y 解出，就得到一个克莱罗方程.

2. 提示：依题意求出微分方程 $(y-xy')^2=1+(y')^2$, 可得两个克莱罗方程.

3. 提示：依题意，所求曲线上点的法线在第一象限与正坐标轴的交点之间的长度为 2. 经化简，所求微分方程是 $(x+yy')\sqrt{1+1/y'^2}=2$.

1.6 第 1 章典例选讲与习题演练

1.6.1 典例选讲

例 1 求与曲线族 $y=Ce^x$ 正交的曲线族.

解 易见，曲线族 $y=Ce^x$所满足的微分方程是 $y'=y$, 而与曲线族 $y=Ce^x$ 正交的曲线族应该满足微分方程 $y'=-\dfrac{1}{y}$. 该微分方程的通解是 $y^2=-2x+C$, 这就是所要求的曲线族的方程.

上述求解过程用到这样一个事实：两直线 $y=k_1x+b_1$ 与 $y=k_2x+b_2$ 正交的充要条件是 $k_1k_2=-1$. 显然，类似的问题可以给出很多，“正交” 还可以换成其他角度.

例 2　求一曲线方程，使其上任一点都是过该点法线在两坐标轴之间的线段的中点.

解　假设所求的曲线方程为 $y=y(x)$, 过该曲线上任一点 (x,y) 的法线方程可写为

$$Y=-\frac{1}{y'}(X-x)+y,$$

它与 x,y 轴的交点分别为 $(yy'+x,0)$ 与 $(0,y+x/y')$, 依题意知

$$2x=yy'+x,\quad 2y=y+\frac{x}{y'}.$$

这就得到微分方程 $\frac{\mathrm{d}y}{\mathrm{d}x}=\frac{x}{y}$. 解之得到 $y^2-x^2=C$, 即为所求.

例 3　求方程 $(3x^2+6xy^2)\mathrm{d}x+(6x^2y+4y^3)\mathrm{d}y=0$ 的通解.

解　对此方程，有 $P_y=12xy=Q_x$, 因此，这是一个恰当方程. 取 $(x_0,y_0)=(0,0)$, 利用公式 (1.4) 即知

$$F(x,y)=\int_0^x(3x^2+6xy^2)\mathrm{d}x+\int_0^y 4y^3\mathrm{d}y=x^3+3x^2y^2+y^4,$$

故得通解 $x^3+3x^2y^2+y^4=C$.

另外，也可以用分组拼凑微分的方法来求出通解. 请作者自行给出.

例 4　求方程 $(x^3+x^2+y^2)\mathrm{d}x+x^2y\mathrm{d}y=0$ 的通解.

解　此时有 $P_y=2y$, 而 $Q_x=2xy$, 因此，所给方程不是恰当方程. 我们尝试使用分组拼凑微分的方法来寻求积分因子. 将方程变形，可得

$$(x^3\mathrm{d}x+x^2y\mathrm{d}y)+(x^2+y^2)\mathrm{d}x=0,$$

即

$$x^2(x\mathrm{d}x+y\mathrm{d}y)+(x^2+y^2)\mathrm{d}x=0,$$

即

$$\frac{1}{2}x^2\mathrm{d}(x^2+y^2)+(x^2+y^2)\mathrm{d}x=0.$$

由此我们看到上述方程有积分因子 $\mu=[x^2(x^2+y^2)]^{-1}$. 故方程化为

$$\frac{1}{2}\frac{\mathrm{d}(x^2+y^2)}{x^2+y^2}+\frac{\mathrm{d}x}{x^2}=0,$$

两边积分即得

$$\frac{1}{2}\ln(x^2+y^2)-\frac{1}{x}=C.$$

例 5 设 P, Q 与 φ 为某区域 G 上的可微函数，证明方程 $P(x,y)\mathrm{d}x+Q(x,y)\mathrm{d}y=0$ 在 G 上有形如 $\mu=\mu(\varphi(x,y))$ 的积分因子的充分必要条件是存在函数 $f(u)$ 使

$$(P_y-Q_x)(Q\varphi_x-P\varphi_y)^{-1}=f(\varphi(x,y))$$

成立，并求出这个积分因子.

证明 必要性. 设方程 $P(x,y)\mathrm{d}x+Q(x,y)\mathrm{d}y=0$ 有形如 $\mu=\mu(\varphi(x,y))$ 的积分因子，则由定理 1.1 及式 (1.6) 知，函数 $\mu=\mu(\varphi(x,y))$ 应满足偏微分方程 (1.6). 用 μ' 表示函数 μ 的导数，则由式 (1.6) 可得

$$Q\mu'\varphi_x-P\mu'\varphi_y=(P_y-Q_x)\mu(\varphi),$$

即

$$\frac{\mu'}{\mu}=(P_y-Q_x)(Q\varphi_x-P\varphi_y)^{-1}. \tag{1.7}$$

由于上式之左为 $\varphi(x,y)$ 的函数，故其右端也应该如此，记其为 $f(\varphi(x,y))$, 于是必要性得证.

充分性. 设存在函数 $f(u)$ 使

$$(P_y-Q_x)(Q\varphi_x-P\varphi_y)^{-1}=f(\varphi(x,y))$$

成立，则注意到微分方程

$$\frac{\mu'(u)}{\mu(u)}=f(u)$$

有解

$$\mu=\mathrm{e}^{\int f(\varphi(x,y)\mathrm{d}\varphi(x,y)}=\mu(\varphi(x,y)),$$

由必要性的证明 (即式 (1.7))，即知上述函数的确是 $P(x,y)\mathrm{d}x+Q(x,y)\mathrm{d}y=0$ 的积分因子. 证毕.

例 6 证明若 $P(x,y)\mathrm{d}x+Q(x,y)\mathrm{d}y=0$ 是齐次方程且满足 $P(x,y)x+Q(x,y)y\neq 0$, 则它有积分因子 $\mu=[P(x,y)x+Q(x,y)y]^{-1}$.

证明 设 P 与 Q 为 m 次齐次函数，则有

$$P(x,xu)=x^mP(1,u),\quad Q(x,xu)=x^mQ(1,u).$$

于是，令 $y=xu$, 注意到 $\mathrm{d}y=x\mathrm{d}u+u\mathrm{d}x$, 可知原方程化为

$$x^m[(P(1,u)+Q(1,u)u)\mathrm{d}x+xQ(1,u)\mathrm{d}u]=0,$$

可以看出，上式为可分离变量方程，为化成恰当方程，只需乘以因子

$$\mu=[x^{m+1}(P(1,u)+Q(1,u)u)]^{-1}=[xP(x,y)+yQ(x,y)]^{-1}$$

即可. 即为所证.

另一种证明方法，是直接证明函数

$$\mu=[xP(x,y)+yQ(x,y)]^{-1}$$

是积分因子，即证明该函数满足

$$\frac{\partial(\mu P)}{\partial y}=\frac{\partial(\mu Q)}{\partial x}.$$

计算可得

$$\frac{\partial(\mu P)}{\partial y}-\frac{\partial(\mu Q)}{\partial x}=\frac{x(QP_x-PQ_x)+y(QP_y-PQ_y)}{(xP+yQ)^2}.$$

而利用齐次函数的性质知 $P(tx,ty)=t^mP(x,y)$, 对 t 求导，再令 $t=1$, 可得 $xP_x+yP_y=mP$. 同理 $xQ_x+yQ_y=mQ$, 代入上式，经整理即得上式右端之分子为零. 即为所证.

比较上述两个证法可见，前者不要求 P 与 Q 存在一阶偏导数，而后者则需要假设 P 与 Q 存在一阶偏导数.

例 7 设 $f(x,y)$ 与 f_y 连续，试证方程 $\mathrm{d}y-f(x,y)\mathrm{d}x=0$ 为线性方程的充分必要条件是它有仅依赖于 x 的积分因子.

证明 必要性. 如果方程 $\mathrm{d}y-f(x,y)\mathrm{d}x=0$ 为线性方程，则函数 f 可写为 $f(x,y)=P(x)y+Q(x)$. 此时易知所述方程有积分因子 $\mathrm{e}^{-\int P(x)\mathrm{d}x}$. 必要性得证.

充分性. 设方程 $\mathrm{d}y-f(x,y)\mathrm{d}x=0$ 有仅依赖于 x 的积分因子 $\mu(x)$, 由积分因子的定义及定理 1.1 可知

$$[-\mu(x)f(x,y)]_y=\mu'(x)$$

成立，即

$$f_y=-\frac{\mu'(x)}{\mu(x)}.$$

上式右端仅为 x 的函数，令其为 $P(x)$, 于是积分上式即得 $f(x,y)=P(x)y+Q(x)$. 证毕.

例 8 假设齐次方程 $P(x,y)\mathrm{d}x+Q(x,y)\mathrm{d}y=0$ 是恰当方程且满足 $P(x,y)x+Q(x,y)y\neq 0$, 其中 P,Q 为可微函数，则该齐次方程有通解 $P(x,y)x+Q(x,y)y=C$.

证明 令 $F(x,y)=P(x,y)x+Q(x,y)y$. 只需证 $\mathrm{d}F=0$. 直接计算知

$$F_x=P+xP_x+yQ_x,\quad F_y=Q+yQ_y+xP_y.$$

于是

$$\mathrm{d}F=F_x\mathrm{d}x+F_y\mathrm{d}y=(F_x-F_yP/Q)\mathrm{d}x,$$

因此，只需证 $\dfrac{F_x}{P}-\dfrac{F_y}{Q}=0$, 即

$$\frac{P+xP_x+yQ_x}{P}=\frac{Q+yQ_y+xP_y}{Q}.$$

因为所给方程为恰当方程，因此 $P_y=Q_x$, 从而

$$\frac{P+xP_x+yQ_x}{P}-\frac{Q+yQ_y+xP_y}{Q}=\frac{x(P_xQ-Q_xP)+y(P_yQ-Q_yP)}{PQ}.$$

进一步利用齐次函数的性质 (与例 6 类似) 可证上式右端之分子为零. 证毕.

下面例子需要用到数学分析中学过的下述结论.

定理 E 设 $\alpha(x)$, $\beta(x)$ 与 $f(x,y)$ 均为连续可微函数，则

$$\frac{\mathrm{d}}{\mathrm{d}x}\int_{\alpha(x)}^{\beta(x)}f(x,y)\mathrm{d}y=\int_{\alpha(x)}^{\beta(x)}f_x(x,y)\mathrm{d}y+f(x,\beta(x))\beta'(x)-f(x,\alpha(x))\alpha'(x)$$

成立，特别有

$$\frac{\mathrm{d}}{\mathrm{d}x}\int_0^{\beta(x)}f(y)\mathrm{d}y=f(\beta(x))\beta'(x).$$

例 9 求满足下列关系式中的函数 $y(x)$:

$$\int_0^x y(t)\mathrm{d}t+\int_0^x(x-t)[2ty(t)+ty^2(t)]\mathrm{d}t=x.$$

解 利用定理 E 中的公式，对方程两端关于 x 求导可得

$$y(x)+\int_0^x[2ty(t)+ty^2(t)]\mathrm{d}t=1,$$

特别有 $y(0)=1$. 对上式再一次求导，则有

$$y'+2xy+xy^2=0.$$

于是问题转化为求这一微分方程满足初值条件 $y(0)=1$ 的解. 上述微分方程变形为

$$\frac{\mathrm{d}}{\mathrm{d}x}\left(\frac{1}{y}\right)=2x\frac{1}{y}+x.$$

可解得

$$\frac{1}{y}=\mathrm{e}^{x^2}\left(C+\int x\mathrm{e}^{-x^2}\mathrm{d}x\right)=C\mathrm{e}^{x^2}-\frac{1}{2},$$

因此利用初值条件可得 $y=\dfrac{2}{3\mathrm{e}^{x^2}-1}$.

例 10　求解方程 $y = xy'\ln x + (xy')^2$.

解　令 $p = y'$, 则得到

$$y = xp\ln x + (xp)^2, \tag{1.8}$$

上式两端关于 x 求导，可得

$$p = p'x\ln x + p\ln x + p + 2xp^2 + 2px^2p',$$

经整理可得

$$(\ln x + 2xp)(xp' + p) = 0.$$

于是

$$p = -\frac{\ln x}{2x} \quad 或 \quad xp' = -p.$$

将$p = -\dfrac{\ln x}{2x}$ 代入式 (1.8) 得到原方程的一个特解 $y = -\dfrac{(\ln x)^2}{4}$. 又解方程 $xp' = -p$, 得其通解 $p = \dfrac{C}{x}$, 再代入式 (1.8) 得到原方程的通解为 $y = C(\ln x + C)$.

该例的另一解法是令 $t = \ln x$, 将原方程转化为克莱罗方程.

例 11　求解方程:

(1)　$x^2 + y'^2 = 1$;

(2)　$xy' = 1 + y'^2$.

解　(1) 令 $y' = p = \cos t$, 代入方程可得 $x = \sin t$, 由于 $\mathrm{d}y = y'\mathrm{d}x$, 即

$$\mathrm{d}y = \cos t\mathrm{d}\sin t = (\cos t)^2\mathrm{d}t = \frac{1+\cos(2t)}{2},$$

积分上式，可知 $y = t/2 + \sin(2t)/4 + C$, 于是可得方程的参数形式的通解如下：

$$x = \sin t, \quad y = \frac{t}{2} + \frac{\sin(2t)}{4} + C.$$

(2) 令 $y' = p$, 则从原方程得到 $xp = 1 + p^2$, 即 $x = p + p^{-1}$. 于是

$$\mathrm{d}y = y'\mathrm{d}x = p(1 - p^{-2})\mathrm{d}p = (p - p^{-1})\mathrm{d}p,$$

积分上式可得

$$y = \frac{p^2}{2} - \ln p + C.$$

从而可知方程的参数形式的通解为

$$x = p + p^{-1}, \quad y = \frac{p^2}{2} - \ln p + C.$$

例 12　求满足$x(t+s) = \dfrac{x(t) + x(s)}{1 - x(t)x(s)}$ 的函数，其中假设 $x'(0)$ 存在有限.

解 由导数的定义，并利用 $x(t)$ 满足的条件知

$$x'(t)=\lim_{s\to 0}\frac{x(t+s)-x(t)}{s}=\lim_{s\to 0}\frac{x(s)+x^2(t)x(s)}{s[1-x(t)x(s)]}$$

$$=\lim_{s\to 0}\frac{x(s)}{s}\frac{1+x^2(t)}{1-x(t)x(s)}.$$

利用 $x(t)$ 所具有的性质知 $x(0)=0$, 又记 $a=x'(0)$, 则由上式即得

$$x'(t)=a(1+x^2(t)).$$

解之可得 $x(t)=\tan(at)$, 其中已利用初值 $x(0)=0$.

例 13 设函数 P 与 Q 在某区域 G 上连续，则微分方程 $P\mathrm{d}x+Q\mathrm{d}y=0$ 在 G 上有 (连续) 积分因子当且仅当存在 G 上的连续可微函数 F, 使该方程有通解 $F(x,y)=c$.

证明 由积分因子和恰当方程的定义，即知必要性成立. 为证充分性，设存在 G 上的连续可微函数 F, 使方程 $P\mathrm{d}x+Q\mathrm{d}y=0$ 有通解 $F(x,y)=c$. 于是，沿着方程的解 $F_x\mathrm{d}x+F_y\mathrm{d}y=0$ 就成立，由解的定义可知，$F_x\mathrm{d}x+F_y\mathrm{d}y=0$ 与 $P\mathrm{d}x+Q\mathrm{d}y=0$ 是等价的，也就是说，必存在函数 $\mu(x,y)$, 使

$$F_x(x,y)=\mu(x,y)P(x,y),\quad F_y(x,y)=\mu(x,y)Q(x,y)$$

成立. 即为所证.

1.6.2 习题演练及其答案或提示

(Ⅰ) **习题演练**

1. 微分方程 $y'=y^2+2x-x^4$ 与 $y'=2x+x^2+x^4-y-y^2$ 是否有公共解?
2. 求微分方程 $y'+xy'^2-y=0$ 的直线积分曲线.
3. 证明微分方程 $x^2y'^2-y^2=xy^3$ 的积分曲线族关于坐标原点是中心对称的.
4. 求一曲线族，使其上任一点的切线介于坐标轴之间的部分以该切点为中点.
5. 求方程 $y\mathrm{d}x+(y^3-x)\mathrm{d}y=0$ 的通解.
6. 求下列方程形如 $\mu=x^\alpha y^\beta$ 的积分因子，并求通解.

(1) $(4xy-3y^3)\mathrm{d}x+(2x^2-3xy^2)\mathrm{d}y=0$;

(2) $(3xy^3-2y)\mathrm{d}x+(x^2y^2+x)\mathrm{d}y=0$.

7. 求满足下列关系式中的函数 $y(x)$:

$$y(x)=1+x^2+2\int_0^x y(t)\mathrm{d}t.$$

8. 设 $f(u)$, $g(u)$ 为连续可微函数，且 $f(u)-g(u)\neq 0$, 试证微分方程 $yf(xy)\mathrm{d}x+xg(xy)\mathrm{d}y=0$ 有积分因子 $\mu=[xy(f(xy)-g(xy))]^{-1}$.

9. 设存在连续函数 $f(x)$ 与 $g(y)$, 使 $P_y - Q_x = f(x)Q - g(y)P$, 则微分方程 $P(x,y)\mathrm{d}x + Q(x,y)\mathrm{d}y = 0$ 有积分因子 $\mu = \exp\left(\int f(x)\mathrm{d}x + \int g(y)\mathrm{d}y\right)$.

10. 设微分方程 $P(x,y)\mathrm{d}x+Q(x,y)\mathrm{d}y = 0$ 有两个积分因子$\mu_1(x,y)$ 与 $\mu_2(x,y)$, 且 $\dfrac{\mu_1(x,y)}{\mu_2(x,y)} \neq$ 常数. 试证明 $\dfrac{\mu_1(x,y)}{\mu_2(x,y)} = C$是所给微分方程的通解.

11. 求解下列方程:

(1) $(xy+1)y\mathrm{d}x - x\mathrm{d}y = 0$;

(2) $[y - x(x^2+y^2)]\mathrm{d}x - x\mathrm{d}y = 0$.

12. 求解下列方程:

(1) $(y'+1)\mathrm{e}^{-y} = x\mathrm{e}^{x}$;

(2) $\dfrac{\mathrm{d}y}{\mathrm{d}x} = \dfrac{y}{x - \sqrt{xy}}$, $y \geqslant 0$.

13. 设 $f(x)$ 是一个定义于 $(-\infty, +\infty)$ 上的有界连续函数，则线性方程

$$y' + y = f(x)$$

至多有一个有界解. 进一步证明上述方程存在有界解，并用积分给出该解的表达式.

14. 对什么样的函数 $f(x)$, 微分方程

$$y^2 \sin x\mathrm{d}x + yf(x)\mathrm{d}y = 0$$

是一个恰当方程?

15. 求满足积分方程的所有函数 $f(x)$:

$$\int_0^1 f(tx)\mathrm{d}t = 2f(x).$$

16. 求解方程 $y = xy' - x^2 + \mathrm{e}^{-2x+y'}$.

17. 求解下列隐方程:

(1) $xy' = 1 + y'^2$;

(2) $y^2[1 - y'^2] = 1$.

18. 求解方程 $x^2y' + (xy-2)^2 = 0$.

19. 求满足条件

$$f(x+y) = \mathrm{e}^x f(y) + \mathrm{e}^y f(x), \quad f'(0) = \mathrm{e}$$

的函数 $f(x)$.

20. 设 $y(x)$ 在 $[0, +\infty)$ 上连续可微，且 $y'(x) + y(x) \to 0$ $(x \to +\infty)$, 则 $y(x) \to 0$ $(x \to +\infty)$.

21. 设 $P(x)$ 为连续的 2π 周期函数，则线性方程$y' + P(x)y = 0$ 的非零解为

2π 周期函数当且仅当 $\int_0^{2\pi} P(x)\mathrm{d}x = 0$.

22. 求解方程 $\dfrac{\mathrm{d}y}{\mathrm{d}x} = -\dfrac{y}{x} - (4x^2y^2+1)$.

(II) **答案或提示**

1. 提示：考虑方程 $y^2+2x-x^4=2x+x^2+x^4-y-y^2$. $(y=x^2)$
2. $y=0$, $y=x+1$.
3. 提示：设 $y=y(x)$ 是任意解，考察 $y=-y(-x)\equiv y_1(x)$.
4. $y=-xy'$, $xy=C$.
5. 提示：本题有多种解法，一是先引入 $u=y^3$ 化成齐次方程；二是求出只与 y 有关的积分因子；三是将 y 视为自变量化为关于 x 的线性方程. $\left(\dfrac{2x}{y}+y^2=C\text{及}y=0\right)$
6. (1) $\dfrac{2}{3}x^6y^3+\dfrac{3}{5}x^5y^5=C$;　(2) $x^3y^2-x^2=Cy$.
7. $y=3\dfrac{\mathrm{e}^{2x}}{2}-x-\dfrac{1}{2}$.

10. 提示：令 $F(x,y)=\dfrac{\mu_1(x,y)}{\mu_2(x,y)}$, 则 $\mathrm{d}F=\left(F_x-\dfrac{P}{Q}F_y\right)\mathrm{d}x$, 只需证 $F_xQ-F_yP=0$.
11. (1) $\mu=y^{-2}$; $\dfrac{x^2}{2}+\dfrac{x}{y}=C$ 及 $y=0$;　(2) $\mu=(x^2+y^2)^{-1}$; $\arctan\dfrac{x}{y}=\dfrac{x^2}{2}+C$.
12. (1) $z=\mathrm{e}^{-y}$ 或 $u=x+y$; $\mathrm{e}^{-x-y}+\dfrac{x^2}{2}=C$;　(2) $x=y\left(C-\dfrac{1}{2}\ln y\right)^2$ 及 $y=0$.

15. 提示：引入变换 $u=tx$, 化为微分方程.
16. 提示：令 $z=y-x^2$, 转化为克莱罗方程.
17. (1) $x=p+p^{-1}$, $y=\dfrac{p^2}{2}-\ln|p|+C$;

(2) 令 $y'=\sin t$; $y^2=(x+C)^2+1$.

18. $u=xy$; $(x^3+C)(xy-1)=3x^3$ 及 $y=x^{-1}$.
19. $f(x)=x\mathrm{e}^{x+1}$.
20. 提示：令 $f(x)=y'(x)+y(x)$, 则 $|f(x)|\to 0\ (x\to+\infty)$.

22. $z=xy$; $y=-\dfrac{1}{2x}\tan(x^2+C)$.

1.7 第 1 章总结与思考

善于总结是一个习惯，更是一种能力. 坚持这个习惯，你的能力定会不断提升.

至于怎么总结，是没有固定模式的，个人可以充分思考，自由发挥. 但大体上来说，有两种常用模式，一是按章节内容复习总结，二是不按章节内容而按某种原则 (例如，分类原则) 进行总结. 今按后一种方式做一简单概括.

本章研究的是一阶微分方程的解法，这一类方程可粗略地分为两类，一是可以求解的类型，如可分离变量方程、齐次方程、线性方程、伯努利方程、恰当方程等；二是在一定条件下可以求解的方程，如里卡蒂方程，可求出积分因子的方程、隐式方程等. 当然，这两种分类并没有严格的界限. 例如，有些方程，它不属于第一类中所列的类型，但如果你能找到合适的变量变换，就能够化成第一类所列的类型，像这种方程，放入第一类或第二类都可以.

本章的内容，除了求解微分方程以外，还有微分方程的应用问题. 例如，给定某函数满足的一些条件，要求出该函数. 解答此类题的思路就是根据题意推出所给函数满足的微分方程和初值条件，进而求解初值问题.

下面谈谈本科生、研究生普遍关心的创新能力的培养问题. 培养创新能力，最重要是培养两个习惯，即自学的习惯与思考的习惯. 什么是思考？作者认为，通俗来说，思考就是自问自答. 那么，应该如何思考呢？按照目标导向，可有下述三种层次的思考.

第一层次　精读式思考. 就是说在读文献的时候要力求读懂每一个细节，对看不懂的地方，要根据这之前给出的推导和提示，以及所学过的知识，思考出理由，并对有跳跃的推理给出必要的补充与注解. 这些理由可能一下子意识不到，带有隐蔽性，这就需要你通过思考来发掘出来.

第二层次　总结式思考. 就是对每一个知识单元进行归纳总结，通过思考来领会其难点要点，以及主要思路和关键技巧. 知识单元可以是一个定理、一节内容，也可以是某一章内容. 对定理来说，可以思考其证明思路，每个条件所起的作用，以及定理本身的作用.

第三层次　探究式思考. 这是更高层次的思考，具有创新的意识. 例如，对某一定理，思考如何改进、变形、推广，通过思考来发现问题解决问题，获得新结论，建立新理论, 进而使自己的学习能力和创新能力不断得到提升.

思考必有收获，突发性的灵感、创造性的发明都是思考的结果. 我相信，任何人，只要肯努力，坚持不断，一定会有好的成绩. 人的潜力是无限的，关键的是要发掘和发挥出来.

思考问题的方式有多种，常用的一种是对现有结论中出现的条件进行分析，搞懂每一个条件的作用，然后思考一下，将其中一个或多个条件放宽或弃掉，相应的结论如何变化. 有时候，对文献或参考书中的论证要敢于质疑，对每一步的推导都要搞明白成立的理由. 下面列举两例.

某学习指导书中有一个这样的例题，即设 $f(x)$ 在 $[0,+\infty)$ 上连续，有有限极限

$\lim\limits_{x\to+\infty} f(x)=b$, 则当 $a>0$ 时方程 $\dfrac{\mathrm{d}y}{\mathrm{d}x}+ay=f(x)$ 的一切解 $y=y(x)$ 均有

$$\lim_{x\to+\infty} y(x)=\frac{b}{a};$$

而当 $a<0$ 时，该方程有且仅有一个解当 $x\to+\infty$ 时趋于 $\dfrac{b}{a}$.

对 $a>0$ 的情况证明是这样的，设 $y=y(x)$ 是方程满足 $y(x_0)=y_0$ 的任一解，其中 $x_0\geqslant 0$. 由常数变易公式知

$$y(x)=y_0\mathrm{e}^{-a(x-x_0)}+\mathrm{e}^{-a(x-x_0)}\int_{x_0}^{x} f(s)\mathrm{e}^{a(s-x_0)}\mathrm{d}s.$$

因为 $a>0$，利用洛必达法则和已知条件就有

$$\begin{aligned}\lim_{x\to+\infty} y(x)&=\lim_{x\to+\infty}\frac{\displaystyle\int_{x_0}^{x} f(s)\mathrm{e}^{a(s-x_0)}\mathrm{d}s}{\mathrm{e}^{a(x-x_0)}}=\lim_{x\to+\infty}\frac{f(x)\mathrm{e}^{a(x-x_0)}}{a\mathrm{e}^{a(x-x_0)}}\\&=\lim_{x\to+\infty}\frac{f(x)}{a}=\frac{b}{a}.\end{aligned}$$

请考虑: 上述证明有问题吗? 提示: 应用洛必达法则需要什么样的前提条件，而这里是否满足这个条件?

正确的方法应当是在上述积分中将函数$f(s)$ 写成 $(f(s)-b)+b$, 此外还要考虑当 $x\to+\infty$ 时积分 $\displaystyle\int_{x_0}^{x}|f(s)-b|\mathrm{e}^{a(s-x_0)}\mathrm{d}s$ 的极限是否有限. 细节留给读者.

再看看克莱罗方程出现奇解的条件. 前面我们讨论了克莱罗方程的奇解，其中假设 $\phi''(p)\neq 0$，这个条件在论证过程中需要用到. 如果我们开阔思维，思考一个这样的问题: 如果这个条件不成立会怎么样呢? 例如，存在某个 p_0 使 $\phi''(p_0)=0$ 或使 $\phi''(p_0)$ 不存在，那么克莱罗方程的特解还是奇解吗，该特解在 p_0 附近会出现什么样的几何性质? 最近我们对这个问题做了初步的探讨，见《关于克莱罗方程的奇解与包络概念之拓展》(刘姗姗, 韩茂安)，感兴趣的读者可以和作者联系.

我们再谈谈积分因子. 我们已经知道方程 (1.3) 存在只依赖于一个变量的充分必要条件 (在一定前提下). 一个很自然的问题是: 在较一般的条件下，这个方程是不是总存在一个局部的积分因子? 这个问题尚未见在常微分方程文献中提出过，其实答案是肯定的，解决起来也不难，只是我们目前还不能详细解答这个问题，具体论证见第 4 章末.

我们在读书过程中应当有意识地培养深度思考的习惯，特别是要善于提出新问题、研究新问题. 数学创新能力就是在不断思考、不断提出问题和解决问题的过程中得到不断提升的.

第 2 章　一阶线性常微分方程组

2.1　矩阵与矩阵函数分析初步

2.1.1　基本问题

1. 矩阵范数与向量范数各是如何定义的？试证明下列不等式

$$\|Ax\| \leqslant \|A\| \cdot \|x\|, \quad \|AB\| \leqslant \|A\| \cdot \|B\|.$$

2. (1) 给定常数矩阵 A, 矩阵指数 e^A 是如何定义的？试证如果 $n \times n$ 矩阵 A, B 是可交换的, 即 $AB = BA$, 则 $\mathrm{e}^{A+B} = \mathrm{e}^A\mathrm{e}^B = \mathrm{e}^B\mathrm{e}^A$.

(2)* 请查阅常微分方程文献，学习与矩阵指数相关的有关矩阵对数的知识.

3. 矩阵函数与向量函数的连续性、可微性与可积性各是如何定义的？矩阵函数项级数与向量函数项级数的收敛与一致收敛性又是如何定义的？你能给出等价的另一定义吗？

4. 设 J 为一个若尔当 (Jordan) 块矩阵，矩阵函数 e^{tJ} 是如何求出来的？又设

$$D = \begin{pmatrix} \alpha & \beta \\ -\beta & \alpha \end{pmatrix},$$

其中 α 与 β 均为实数，且 $\beta \neq 0$, 试求 e^{tD}. 你能给出几种解法？

5. 向量函数组在一区间上的线性相关性与线性无关性是如何定义的，能否直接给出向量函数组线性无关的一个条件？

2.1.2　主要内容与注释

这一节内容大部分是预备知识，有些是熟悉的，有些是数学分析中已知知识的自然延伸. 本节内容在课本中分为五个部分. 这里我们按照原顺序加以梳理. 第一部分简单回顾线性代数里学过的矩阵的特征值、特征向量与特征方程等概念，以及由给定矩阵引出的空间 (的直和) 分解. 每个矩阵通过其特征值的性质都确定空间的一个直和分解，这部分内容是线性代数的难点，比较抽象，不易理解. 这里我们只需承认课本中陈述的结论.

第二部分，首先对 n 阶矩阵 $A = (a_{ij})$ 与 n 维向量 $x = (x_1, \cdots, x_n)^{\mathrm{T}}$, 定义它

们的“范数”如下：

$$\|A\| = \sum_{i,j=1}^{n} |a_{ij}|, \quad \|x\| = \sum_{i=1}^{n} |x_i|.$$

它们各自满足一些基本性质，例如

(1) 正定性：$||A|| \geqslant 0$, 且 $||A|| = 0$ 当且仅当 $A = 0$;

(2) 正齐次性：对任何常数 k, $||kA|| = |k|||A||$ 都成立;

(3) 三角不等式：$||A + B|| \leqslant ||A|| + ||B||$.

在后续课程泛函分析中，就把满足上述性质的函数叫做“范数”. 此外，教材中的矩阵范数和向量范数还满足相容性，即

$$||Ax|| \leqslant ||A||\ ||x||.$$

事实上可证

$$||A|| = \sup_{x\neq 0} \frac{||Ax||}{||x||}$$

成立，因此，我们又说向量范数 $||x||$ 诱导出矩阵范数 $||A||$. 范数概念是我们十分熟悉的绝对值概念在高维线性空间的推广，而且绝对值所满足的基本性质都能保留下来，例如，对定义于区间 $[a, b]$ 的任何连续向量函数 $f(x)$, 均有

$$\left|\left|\int_a^b f(x)\mathrm{d}x\right|\right| \leqslant \int_a^b ||f(x)||\mathrm{d}x.$$

定义范数的方式不是唯一的，例如，向量范数也可以定义为 (称之为欧氏范数)

$$||x||_1 = \sqrt{x_1^2 + x_2^2 + \cdots + x_n^2},$$

此时，相应的相容的矩阵范数不再是上面给出的那个，而是

$$||A||_1 = \left(\sum_{i,j=1}^{n} |a_{ij}|^2\right)^{\frac{1}{2}}.$$

进一步还可证，同一空间上的两个范数一定是等价的, 也就是说，对上面定义的两个向量范数 $||x||$ 与 $||x||_1$, 必有正常数 C 与 C_1, 使得下述两个不等式成立：

$$||x|| \leqslant C_1||x||_1, \quad ||x||_1 \leqslant C||x||.$$

现在回到文献 [1] 中定义的范数所满足的性质. 其实，这些性质都是不难证明的. 例如, 由上述范数 $||x||$ 与 $||A||$ 的定义，直接就能看出：

$$\|A + B\| \leqslant \|A\| + \|B\|, \quad \|x + y\| \leqslant \|x\| + \|y\|,$$

以及

$$\|\alpha A\| = |\alpha| \cdot \|A\|, \quad \|\alpha x\| = |\alpha| \cdot \|x\|.$$

下面两个不等式不是显然的:

$$\|Ax\| \leqslant \|A\| \cdot \|x\|, \quad \|AB\| \leqslant \|A\| \cdot \|B\|. \tag{2.1}$$

我们这里提供一种简洁新颖的证明.

我们用 $e_1, \cdots, e_n$ 表示 n 维欧氏空间的标准单位正交基，则向量 $x = (x_1, \cdots, x_n)^{\mathrm{T}}$ 可写为

$$x = \sum_{i=1}^{n} x_i e_i,$$

由矩阵与向量的范数定义可知 $\|Ae_i\| \leqslant \|A\|$, 于是

$$\|Ax\| = \left\| \sum_{i=1}^{n} x_i A e_i \right\| \leqslant \sum_{i=1}^{n} \|x_i A e_i\| \leqslant \sum_{i=1}^{n} |x_i| \|A\| = \|A\| \|x\|.$$

于是式 (2.1) 的第一式得证.

现设 A, B 为两个 n 阶矩阵，将 B 写成 $B = (b_1, \cdots, b_n)$, 其中 b_k 表示 B 的第 k 列，则有

$$\begin{aligned} \|AB\| &= \|(Ab_1, \cdots, Ab_n)\| \\ &= \|Ab_1\| + \cdots + \|Ab_n\| \\ &\leqslant \|A\|(\|b_1\| + \cdots + \|b_n\|) = \|A\|\|B\|, \end{aligned}$$

上面第二行利用了矩阵和向量范数的定义，第三行利用了式 (2.1) 的第一式. 这样又证明了式 (2.1) 的第二式.

数学分析中我们学过常数项无穷级数，并利用数列的敛散性来定义级数的敛散性 (因为数列的前 n 项和是一个数列). 现设有矩阵序列 $\{A_k\} = \{(a_{ij}^k)\}$, 我们要定义这个序列的敛散性. 因为 n 阶矩阵有 n^2 个元素，所以一个矩阵序列就相当于 n^2 个数列，很自然地，如果这 n^2 个数列都收敛，我们就说这个矩阵序列是收敛的，否则就说它是发散的. 同样可定义矩阵序列的绝对收敛性.

上述定义方式可以概括为 “利用已知来定义未知”. 事实上，还有另一种定义方式，就是利用矩阵范数, 把原来已知的 ε-δ 定义做一个形式上的直接推广. 详细叙述如下: 如果存在矩阵 A, 使得数列 $\|A_k - A\|$ 趋于零 (当 k 趋于无穷大时) 则我们说矩阵序列 $\{A_k\}$ 收敛于 A. 那么，这两种形式的定义是否等价呢? 事实证明它们是等价的 (由范数定义即知).

因为矩阵级数的前 n 项和构成一个矩阵序列，所以利用矩阵序列的敛散性就可以来定义矩阵级数的敛散性.

完全类似地可以定义向量序列的敛散性和向量级数的敛散性，以及向量级数的绝对收敛性.

由以上定义易见，有关数项级数绝对收敛的优级数判别法对矩阵级数和向量级数仍类似成立，详细叙述如下：以矩阵级数为例，设有矩阵级数 $\sum_{k=0}^{\infty} A_k$，如果存在 $a_k \geqslant 0$ 使得 $||A_k|| \leqslant a_k$, $k \geqslant 0$, 并且数项级数 $\sum_{k=0}^{\infty} a_k$ 是收敛的，那么矩阵级数 $\sum_{k=0}^{\infty} A_k$ 一定是收敛.

如同绝对收敛的数项级数可以重排其项而不改变其值，绝对收敛的矩阵级数与向量级数也是在任何重排之后其值不变. 这是绝对收敛的重要性质.

矩阵 A 的指数矩阵，记为 e^A, 定义为

$$\mathrm{e}^A = \sum_{k=0}^{\infty} \frac{A^k}{k!} = E + A + \frac{A^2}{2!} + \cdots .$$

由优级数判别法知，这个级数是绝对收敛的.

如果 A, B 是两个可交换矩阵，即$AB = BA$, 则对任意自然数 n, 矩阵 $(A+B)^n$ 可以按实数的二项式公式进行展开. 注意到矩阵指数的定义，矩阵$\mathrm{e}^A \dfrac{B^k}{k!}$ 的 n 次项是 $\dfrac{A^{n-k}B^k}{(n-k)!k!}$, 于是, 对可交换矩阵 A 与 B 来说，有

$$\mathrm{e}^A\mathrm{e}^B = \sum_{k=0}^{\infty} \mathrm{e}^A \frac{B^k}{k!} = \sum_{n=0}^{\infty}\sum_{k=0}^{n} \frac{A^{n-k}B^k}{(n-k)!k!} = \sum_{n=0}^{\infty} \frac{(A+B)^n}{n!} = \mathrm{e}^{A+B}.$$

由指数矩阵的定义易知 $\mathrm{e}^{PAP^{-1}} = P\mathrm{e}^A P^{-1}$.

本节第三部分给出了矩阵函数与向量函数的连续性、可微性与可积性, 以及矩阵函数序列和级数的一致收敛性等定义，这些概念的引出有个共性，那就是利用元素或分量来定义，因为矩阵函数的元素与向量函数的分量就是我们熟悉的一元函数，这种定义方式也是“利用已知来定义未知”. 同上还可以利用范数, 把原来已知的 ε-δ 定义做一个形式上的直接推广. 建议读者以向量函数为例给出其连续性的定义，并证明等价性问题. 后一种定义的方式可以很方便地推广到无穷维的空间，这是前一种定义的方式所不及的. 因此，两种不同的定义方式在一定情况下是等价的，但可能其中一种方式更具优势，它可以推广到更广泛的情况，而另一种定义方式就不能这么做.

两个矩阵函数乘积的求导公式及一个矩阵函数和一个向量函数乘积的求导公式在形式上与两个标量函数乘积的求导公式完全类似，其证明也类似 (利用导数的定义).

函数序列与函数级数的一致收敛性是一个非常重要的概念，我们在这里回顾一下数学分析中有关定理，这些定理对矩阵或向量函数序列和矩阵或向量函数级数仍成立，其结论在 2.2 节与 2.4 节是要用到的.

首先，给出函数级数一致收敛的魏尔斯特拉斯判别法 (又称优级数判别法)，即

定理 A　设诸函数 $a_n(x)$ 定义于某区间 I, $n \geqslant 1$. 如果存在常数 c_n, 满足

(i) 对每个 $n \geqslant 1$, $|a_n(x)| \leqslant c_n$;

(ii) 数项级数 $\sum_{n\geqslant 1} c_n$ 收敛,

则函数级数 $\sum_{n\geqslant 1} a_n(x)$ 在区间 I 上一致收敛.

其次，给出一致收敛的函数级数的若干性质，将它们合并成下述一个定理.

定理 B　设诸函数 $a_n(x)$ 定义于某区间 I, $n \geqslant 1$.

(i)(和函数的连续性) 如果对每个 $n \geqslant 1$, 函数 $a_n(x)$ 在 I 上连续，且函数级数 $\sum_{n\geqslant 1} a_n(x)$ 在区间 I 上一致收敛，则其和函数也在 I 上连续，从而 (当 x_0 是 I 的内点时)

$$\lim_{x\to x_0} \sum_{n\geqslant 1} a_n(x) = \sum_{n\geqslant 1} \lim_{x\to x_0} a_n(x).$$

(ii) (和函数的可积性) 如果 $I=[b,c]$ 为闭区间，又对每个 $n \geqslant 1$, $a_n(x)$ 在 I 上可积，且函数级数 $\sum_{n\geqslant 1} a_n(x)$ 在区间 I 上一致收敛，则其和函数也在 I 上可积，且

$$\int_b^c \sum_{n\geqslant 1} a_n(x)\mathrm{d}x = \sum_{n\geqslant 1} \int_b^c a_n(x)\mathrm{d}x$$

成立.

(iii) (和函数的可微性) 如果对每个 $n \geqslant 1$, $a_n(x)$ 在 I 上可导，且导函数 $a_n'(x)$ 在 I 上连续，又设函数级数 $\sum_{n\geqslant 1} a_n(x)$ 在区间 I 上收敛，而函数级数 $\sum_{n\geqslant 1} a_n'(x)$ 在区间 I 上一致收敛，则其和函数在 I 上可导，且

$$\left(\sum_{n\geqslant 1} a_n(x)\right)' = \sum_{n\geqslant 1} a_n'(x)$$

成立.

上述定理对函数序列类似成立，对矩阵函数级数、向量函数级数、矩阵函数序列、向量函数序列也类似成立.

本节第四部分给出了若尔当块矩阵的矩阵指数函数的表达式. 这里做一点总结与补充.

对于 k 阶若尔当块矩阵

$$J_k = \begin{pmatrix} \lambda & 1 & & \\ & \lambda & \ddots & \\ & & \ddots & 1 \\ & & & \lambda \end{pmatrix}_{k\times k} = \lambda E + Z,$$

其中 λ 为实数或复数,

$$Z = \begin{pmatrix} 0 & 1 & & \\ & 0 & \ddots & \\ & & \ddots & 1 \\ & & & 0 \end{pmatrix}_{k\times k},$$

为幂零矩阵, 即 $Z^k = 0$, 则

$$\mathrm{e}^{tJ_k} = \mathrm{e}^{\lambda t E}\cdot \mathrm{e}^{tZ} = \mathrm{e}^{\lambda t}\begin{pmatrix} 1 & t & \dfrac{t^2}{2!} & \cdots & \dfrac{t^{k-1}}{(k-1)!} \\ & 1 & t & \cdots & \dfrac{t^{k-2}}{(k-2)!} \\ & & 1 & \ddots & \vdots \\ & & & \ddots & t \\ & & & & 1 \end{pmatrix}_{k\times k}.$$

这一公式是需要记住的.

对

$$D = \begin{pmatrix} \alpha & \beta \\ -\beta & \alpha \end{pmatrix},$$

其中 α 与 β 均为实数, 且 $\beta \neq 0$, 则可求出 e^{tD} 的公式. 这里提示: 矩阵 D 与

$$\begin{pmatrix} \alpha+\mathrm{i}\beta & 0 \\ 0 & \alpha-\mathrm{i}\beta \end{pmatrix} \equiv \mathrm{diag}(\alpha+\mathrm{i}\beta, \alpha-\mathrm{i}\beta)$$

是相似的，而且很容易利用待定系数法求出它们之间的关系：

$$\begin{pmatrix} \mathrm{i} & 1 \\ 1 & \mathrm{i} \end{pmatrix}\begin{pmatrix} \alpha & \beta \\ -\beta & \alpha \end{pmatrix}=\begin{pmatrix} \alpha+\mathrm{i}\beta & 0 \\ 0 & \alpha-\mathrm{i}\beta \end{pmatrix}\begin{pmatrix} \mathrm{i} & 1 \\ 1 & \mathrm{i} \end{pmatrix}.$$

此外，还需要用到公式：

$$\mathrm{e}^{\begin{pmatrix} \alpha+\mathrm{i}\beta & 0 \\ 0 & \alpha-\mathrm{i}\beta \end{pmatrix}}=\begin{pmatrix} \mathrm{e}^{\alpha+\mathrm{i}\beta} & 0 \\ 0 & \mathrm{e}^{\alpha-\mathrm{i}\beta} \end{pmatrix} \quad (\text{利用矩阵指数定义})$$

与

$$\mathrm{e}^{\alpha+i\beta}=\mathrm{e}^{\alpha}(\cos\beta+\mathrm{i}\sin\beta).$$

求 e^{tD} 的另一方法是先求出相关的线性方程的解，这要用到后面的知识.

文献 [1] 中本节最后一部分给出向量函数组的线性相关与线性无关性概念等，这些概念是线性代数中向量组的有关概念的自然延伸, 所不同是向量函数组的线性相关与线性无关涉及一个闭区间 $[a,b]$. 此外，我们注意到，文献 [1] 中给出的原始定义是这样的：先定义线性相关，再定义线性无关 (如果不是线性相关). 其实，可以给出一个与之等价的且更直接的向量函数组线性无关的定义，即对给定的定义于 $[a,b]$ 的 m 个向量函数 $x_1(t),\cdots,x_m(t)$, 如果

$$c_1x_1(t)+\cdots+c_mx_m(t)\equiv 0,\quad a\leqslant t\leqslant b$$

($c_1,\cdots,c_m$ 是 m 个常数)，就一定有 $c_1=\cdots=c_m=0$，则向量函数组 $x_1,\cdots,x_m$ 就是线性无关的.

与向量函数组相关的一个新概念是朗斯基行列式. 详之，定义于闭区间 $[a,b]$ 上的 n 个 n 维向量函数 $x_1(t)$, $\cdots$, $x_n(t)$ 的朗斯基行列式就是以这些向量函数为列所成的矩阵函数的行列式，记为 $W[x_1(t),\cdots,x_n(t)]$.

我们在线性代数中曾学习过线性方程存在唯一解的条件，即

定理 C　n 维线性方程组 $Ax=b$ 关于 x 存在唯一解当且仅当 n 阶矩阵的行列式不等于零，即 $\det A\neq 0$. 特别地，齐次方程 $Ax=0$ 只有零解当且仅当 $\det A\neq 0$.

利用这一结论我们证明了下述定理.

定理 2.1　如果 n 维向量函数组 $x_1(t),\cdots,x_n(t)$ 在区间 $[a,b]$ 上线性相关，则它们的朗斯基行列式在 $[a,b]$ 上恒等于零.

建议读者用反证法给出新证明.

容易给出一个简单的例子，说明上述定理的逆命题是不成立的.

2.2 解的存在与唯一性

2.2.1 基本问题

1. 初值问题

$$\begin{cases} \dfrac{\mathrm{d}x}{\mathrm{d}t} = A(t)x + f(t), \\ x(t_0) = x^0 \end{cases}$$

的解是如何定义的, 这一初值问题解的存在唯一性定理是怎样说的?

2. 这一定理是如何证明的? 请简明地概括出证明的主要步骤.

3. 再看一遍定理证明，并思考回答：整个证明过程用到了数学分析中哪些定理?

4. 你对皮卡 (Picard) 逼近法有怎样的认识?

5*. 试用皮卡逼近法证明：设定义于 $(-\infty, +\infty)$ 上的函数 $f(x)$ 满足

$$|f(x_1) - f(x_2)| \leqslant N|x_1 - x_2|,$$

其中 $N \in (0,1)$ 为常数，则方程 $f(x) = x$ 有唯一解.

2.2.2 主要内容与注释

本节研究线性微分方程的初值问题

$$\begin{cases} \dfrac{\mathrm{d}x}{\mathrm{d}t} = A(t)x + f(t), \\ x(t_0) = x^0 \end{cases} \tag{2.2}$$

解的存在唯一性，主要结果是证明下述定理.

定理 2.2 如果 $n \times n$ 矩阵函数 $A(t)$ 与 n 维列向量函数 $f(t)$ 均在区间 $[a,b]$ 上连续，则对任意 $t_0 \in [a,b]$ 及任意 n 维常列向量 x^0，初值问题 (2.2) 有定义于区间 $[a,b]$ 的唯一解 $x(t)$.

这一定理的证明方法就是所谓的皮卡逼近法，具体证明分为下述五步：

(1) 将初值问题解的存在唯一性转化为积分方程解的存在唯一性；

(2) 利用积分方程，构造定义于区间 $[a,b]$ 的皮卡向量函数序列 $\{x_k(t)\}$；

(3) 证明该序列在区间 $[a,b]$ 上一致收敛于某函数 $x(t)$，关键点是构造一个向量函数项级数，使得该级数的和就是序列的极限；

(4) 证明函数 $x(t)$ 是积分方程在 $[a,b]$ 上的连续解；

(5) 证明函数 $x(t)$ 是积分方程在 $[a,b]$ 上的唯一连续解.

定理的证明篇幅较长，也有一定难度，建议读者认真看懂每一步的推导，真正明白证明中每一式成立的理由，并补充一些推理细节. 如果读者对数学分析的内容有较好的理解和掌握，就比较容易看懂整个证明. 值得指出的是，证明过程中多次用到数学分析中多个定理的结论，这里概括如下：

(1) 定义于闭区间上的连续函数是有界的；

(2) 定理 A 对向量函数的推广，即：设 $u_k(t)$ 在 $[a,b]$ 上连续，且 $\|u_k\| \leqslant a_k$，$k \geqslant 1$，如果正项级数 $\sum_{k\geqslant 1} a_k$ 收敛，则向量函数项级数 $\sum_{k\geqslant 1} u_k(t)$ 在 $[a,b]$ 上一致收敛；

(3) 定理 B(i) 对向量序列的推广，即：对定义于闭区间 $[a,b]$ 的连续向量序列 $\{x_k\}$, 如果该序列在 $[a,b]$ 一致收敛，则其极限函数在 $[a,b]$ 上连续；

(4) 定理 B(ii)(极限与积分的顺序可交换准则) 对向量序列的推广.

本节有两个概念，一个是初值问题 (2.2) 解的含义，另一个是该初值问题的第 k 次近似解.

本节的存在唯一性定理对方程求解并没有什么帮助，但对研究线性微分方程解的结构将起到十分重要的作用，详见 2.3 节内容.

皮卡逼近法是求解各类方程的重要方法，本课程在第 4 章还要用到这个方法. 皮卡逼近法的要点有如下三条：

(1) 构造一个合适的序列，称为皮卡逼近序列；

(2) 理论上讲，这个序列的每一项是已知的，从而可对它进行必要的估计等；

(3) 序列有极限存在，并且这个极限就是所要寻求的解.

2.2.3 习题 2.2 及其答案或提示

(Ⅰ) 习题 2.2

1. 给定方程组

$$x' = \begin{pmatrix} 0 & 1 \\ -1 & 0 \end{pmatrix} x, \quad x = \begin{pmatrix} x_1 \\ x_2 \end{pmatrix}, \tag{$*$}$$

(1) 试验证$u(t) = \begin{pmatrix} \cos t \\ -\sin t \end{pmatrix}$, $v(t) = \begin{pmatrix} \sin t \\ \cos t \end{pmatrix}$ 分别是方程组 $(*)$ 满足初值条件 $u(0) = \begin{pmatrix} 1 \\ 0 \end{pmatrix}$, $v(0) = \begin{pmatrix} 0 \\ 1 \end{pmatrix}$ 的解；

(2) 试验证$w(t) = C_1u(t) + C_2v(t)$ 是方程组 $(*)$ 满足初值条件 $w(0) = \begin{pmatrix} C_1 \\ C_2 \end{pmatrix}$ 的解，其中 C_1, C_2 为任意常数.

2. 求解方程组

$$\begin{cases} \dfrac{\mathrm{d}x}{\mathrm{d}t} = p(t)x + q(t)y, \\ \dfrac{\mathrm{d}y}{\mathrm{d}t} = q(t)x + p(t)y, \end{cases}$$

其中 $p(t), q(t)$ 在区间 $[a,b]$ 上连续.

(II) **答案或提示**

1. 直接验证，先求出导数.

2. $x+y = c_1\mathrm{e}^{\int(p(t)+q(t))\mathrm{d}t}$, $x-y = c_2\mathrm{e}^{\int(p(t)-q(t))\mathrm{d}t}$. 提示：引入变量变换 $u=x+y$, $v=x-y$.

2.3 线性常微分方程组的通解

2.3.1 基本问题

1. 如何利用朗斯基行列式来判定 n 维线性齐次方程 $\dfrac{\mathrm{d}x}{\mathrm{d}t} = A(t)x$(其中系数矩阵函数 $A(t)$ 在区间 $[a,b]$ 上连续) 的 n 个解的线性无关性, 又是怎么证明的?

2. 证明下列结论：

(1) 如果 m 个定义在区间 $[a,b]$ 上的 n 维向量函数组 $x_1(t), x_2(t), \cdots, x_m(t)$ 在 $[a,b]$ 上是线性相关的，则对任一 $t_0 \in [a,b]$, 向量组 $x_1(t_0), x_2(t_0), \cdots, x_m(t_0)$ 是线性相关的；

(2) 如果这 m 个向量函数均为方程 $\dfrac{\mathrm{d}x}{\mathrm{d}t} = A(t)x$ 的解，且在 $[a,b]$ 上是线性无关的，则对任一 $t_0 \in [a,b]$, 向量组 $x_1(t_0), x_2(t_0), \cdots, x_m(t_0)$ 是线性无关的 (提示：参考定理 2.4 的证明).

3. n 维线性齐次方程 $\dfrac{\mathrm{d}x}{\mathrm{d}t} = A(t)x$ 的 n 个线性无关解是怎么找出来的，是不是可以找出很多不同的线性无关解组，该方程的通解是如何表达的？

4*. 刘维尔公式是怎么证明的，是分成几步来完成的，你能给出或找出几种证明方法？

5. n 维线性非齐次方程的通解是怎么表达的，其常数变易公式是怎么推导的？如何理解常数变易法？

2.3.2 主要内容与注释

本节内容是第 2 章的重点，也是本书的重点，要解决的主要问题是弄清楚 n 维线性齐次方程

$$\frac{\mathrm{d}x}{\mathrm{d}t} = A(t)x \tag{2.3}$$

与相应的线性非齐次方程

$$\frac{\mathrm{d}x}{\mathrm{d}t} = A(t)x + f(t) \tag{2.4}$$

解的结构，其中矩阵函数 $A(t)$ 与 $f(t)$ 均在闭区间 $[a, b]$ 上连续. 本节分为两部分，第一部分是讨论齐次方程 (2.3) 的解的性质. 一个最基本的性质是书中的下述定理 (叠加原理).

定理 2.3 设 $u(t)$ 与 $v(t)$ 是齐次方程 (2.3) 的任意两个解，则它们的线性组合 $\alpha u(t) + \beta v(t)$ 也是其解，这里 α, β 是任意常数.

上述结论的证明很容易，从方程 (2.3) 的形式，以及 "解" 的定义立即推出. 此外，上述结论可以推广到任意有限个解.

上述定理的一个重要推论是: 线性齐次方程 (2.3) 的所有解构成的集合 (记为 V) 关于向量的 "加法" 和实数与向量的 "乘法" 是封闭的，即如果 $u(t), v(t) \in V$, $\alpha \in \mathbf{R}$, 则 $u(t) + v(t) \in V$, $\alpha u(t) \in V$, 从而可知方程 (2.3) 的所有解构成实数域上的一个线性空间.

这里我们回顾一下线性代数中线性空间的定义. 设 V 是一个非空集合，P 是一个数域 (所谓数域是指包含 0 和 1 的一个数集，并且对其中数的和、差、积、商 (除数不为 0) 保持封闭). 如果对 V 中的元素定义了 "加法" 运算，使得对任意 $u, v \in V$, 有 $u + v \in V$, 又对 P 中数 k 和 V 中元 u 定义了 "乘法" 运算，使得 $ku \in V$, 并且这两种运算满足下列八条性质:

(1) $u + v = v + u$;

(2) $(u + v) + w = u + (v + w)$;

(3) 存在 $0 \in V$, 使得对一切 $u \in V$ 均有 $u + 0 = u$;

(4) 对每个 $u \in V$, 存在 $v \in V$, 使得 $u + v = 0$(称这样的 v 为 u 的负元素，记为 $-u$);

(5) P 中数 1 满足 $1u = u$;

(6) 对任意 $k, l \in P$ 与 $u \in V$, $k(lu) = l(ku) = (kl)u$ 成立;

(7) 对任意 $k, l \in P$ 与 $u \in V$, $(k + l)u = ku + lu$ 成立;

(8) 对任意 $k \in P$ 与 $u \in V$, $k(u + v) = ku + kv$ 成立,

那么，我们称 V 是数域 P 上的线性空间.

回到方程 (2.3). 既然它的所有解构成一个线性空间，一个自然的问题是: 这个线性空间的维数是多少? 这是本节要解决的主要问题之一. 我们需要分三步来解决该问题. 第一步是证明下述定理 (可认为是一个预备定理).

定理 2.4 设 $x_1(t), x_2(t), \cdots, x_n(t)$ 为齐次方程 (2.3) 定义于区间 $[a, b]$ 上的 n 个解，则它们是线性无关的充要条件是它们的朗斯基行列式 $W(t)$ 在区间 $[a, b]$ 上恒不为零，即对一切 $t \in [a, b]$ 均有 $W(t) \neq 0$.

上述定理的证明思路虽说简单明了，证明细节却也相当巧妙，并且先后利用了前面列出的四个定理 (定理 C 与定理 2.1—定理 2.3，包括线性微分方程初值问题解的存在唯一性定理)，请读者一定要读懂 (完全理解，不留任何疑问).

由定理 2.1 知，如果定义于 $[a,b]$ 上的向量函数组 $x_1(t), x_2(t), \cdots, x_n(t)$ 的朗斯基行列式 $W(t)$ 在某一点 $t_0 \in [a,b]$ 不为零，则这个向量函数组必是线性无关的. 这给出了寻求齐次方程 (2.3) 的 n 个线性无关解的一种方法，选取 n 个特殊的线性无关的初值向量，对每个初值向量，利用解的存在唯一性定理 2.2 便获得一个解，n 次利用这个定理就得到方程 (2.3) 的 n 个线性无关的解，于是下述定理成立.

定理 2.5 *线性齐次方程 (2.3) 一定存在 n 个线性无关解.*

这是第二步. 接下来，自然地就产生这样一个问题：齐次方程 (2.3) 是不是会存在 $n+1$ 个线性无关解呢？作为第三步，下述定理给出了完整的回答.

定理 2.6 *任给线性齐次方程 (2.3) 的 n 个线性无关解 $x_1, \cdots, x_n$，该线性方程的通解可以表示为*

$$x(t) = c_1 x_1(t) + \cdots + c_n x_n(t),$$

其中 $c_1, \cdots, c_n$ 为 n 个任意常数. 这个表示式给出了齐次方程 (2.3) 的所有解.

定理 2.6 的证明也是相当巧妙的，有些技巧与定理 2.4 的证明类似，并且用到定理 C、定理 2.2(初值问题解的存在唯一性)、定理 2.3(叠加原理) 与定理 2.4.

我们把齐次方程 (2.3) 的任何 n 个线性无关解 $x_1(t), \cdots, x_n(t)$ 都叫做该方程的一个基本解组.

由定理 2.5 与定理 2.6，就可得到下面的结论：

线性齐次方程 (2.3) 一定存在定义于 $[a,b]$ 上的由 n 个线性无关解构成的基本解组 $x_1(t), \cdots, x_n(t)$，而且其通解可表示为 $x(t) = c_1 x_1(t) + \cdots + c_n x_n(t)$. 此外，这个通解也是所有解.

这一结论告诉我们：线性齐次方程 (2.3) 的所有解构成的集合是一个 n 维的线性空间. 这样，我们就完全弄清楚了方程 (2.3) 的通解的结构.

一般来说，线性方程 (2.3) 的解是无法求出的，但我们可以通过刘维尔公式来认识 n 个解的朗斯基行列式的值，即有

定理 2.7 *线性齐次方程 (2.3) 的任意 n 个解 $x_1(t), \cdots, x_n(t)$ 的朗斯基行列式 $W(t)$ 满足*

$$W(t) = W(t_0) \mathrm{e}^{\int_{t_0}^{t} \mathrm{tr} A(s) \mathrm{d}s}, \quad t,\ t_0 \in [a,b].$$

基于这个公式，再来看定理 2.4，其结论就很自然了.

刘维尔公式是一个重要公式，其证明利用了行列式函数的求导公式. 其实，它还有其他的证明方法. 这个公式在微分方程定性理论中有重要应用，可以用它来研究解的渐近性质，以及周期解的存在唯一性问题等，这已超出本课程范围.

利用矩阵与向量记号，可以更简洁明了地阐述方程 (2.3) 的解的性质. 定理 2.8 可以认为是对方程 (2.3) 解的性质的全面总结，即

定理 2.8 设 $\Phi(t)(t\in[a,b])$ 是以齐次方程 (2.3) 的 n 个线性无关解作为列组成的基解矩阵. 则

(1) 方程 (2.3) 的任一解 $x(t)$ 均可表示为 $x(t)=\Phi(t)c$, 其中 c 是某常向量; 反之, 对于任意常列向量 c, $\Phi(t)c$ 都是方程 (2.3) 的解.

(2) 如果解 $x(t)$ 满足初值条件 $x(t_0)=x^0$ $(t_0\in[a,b])$, 则该解可表示为 $x(t)=\Phi(t)\Phi^{-1}(t_0)x^0$.

(3) 对于可逆 $n\times n$ 常数矩阵 C, $\Phi(t)C$ 也是方程 (2.3) 在区间 $[a,b]$ 上的基解矩阵.

(4) 设 $\Psi(t)$ 是方程 (2.3) 在区间 $[a,b]$ 上的另一基解矩阵, 则必存在可逆 $n\times n$ 常数矩阵 C, 使得在区间 $[a,b]$ 上有 $\Psi(t)=\Phi(t)C$.

对于上述定理，利用其结论 (1) 可以给出其结论 (4) 的简单易懂的证明 (提示: $\Psi(t)$ 的每一列都是方程 (2.3) 的解)，请读者给出. 我们所用文献 [1] 中给出的证明虽然有些繁琐，但证明过程给出下述有用的公式

$$(\Phi^{-1}(t))'=-\Phi^{-1}(t)\Phi'(t)\Phi^{-1}(t).$$

这个公式可以认为是倒数函数求导公式的推广.

本节的第二部分是研究线性非齐次方程 (2.4) 的通解问题. 我们观察到方程 (2.3) 的解与方程 (2.4) 的解具有这样的性质：线性方程 (2.3) 的解与方程 (2.4) 的解之和是方程 (2.4) 的解，而方程 (2.4) 的两个解之差是方程 (2.3) 的解，于是由定理 2.6 或定理 2.8，就可得到线性非齐次方程 (2.4) 的通解结构如下：

定理 2.9 如果 $x_0(t)$ 是线性非齐次方程 (2.4) 的一个特解, 而 $u_1(t),\cdots,u_n(t)$ 是相应的线性齐次方程 (2.3) 的一个基本解组, 则线性非齐次方程 (2.4) 的通解是

$$x(t)=c_1u_1(t)+\cdots+c_nu_n(t)+x_0(t)=\Phi(t)c+x_0(t),$$

其中 $\Phi(t)=(u_1(t),\cdots,u_n(t))$, $c=(c_1,\cdots,c_n)^{\mathrm{T}}$.

应用常数变易法，即对方程 (2.4) 引入变换 $x=\Phi(t)u$, 其中 u 是新变量，可把方程 (2.4) 化为

$$\frac{\mathrm{d}u}{\mathrm{d}t}=\Phi^{-1}(t)f(t),$$

由此可得方程 (2.4) 的一个特解

$$x_0(t)=\Phi(t)\int_{t_0}^{t}\Phi^{-1}(s)f(s)\mathrm{d}s,\quad t_0,\ t\in[a,b].$$

因此，由定理 2.9 可知，初值问题

$$\begin{cases} \dfrac{\mathrm{d}x}{\mathrm{d}t} = A(t)x + f(t), \\ x(t_0) = x^0 \end{cases}$$

的解可表示为

$$x(t) = \Phi(t)\Phi^{-1}(t_0)x^0 + \Phi(t)\int_{t_0}^{t} \Phi^{-1}(s)f(s)\mathrm{d}s, \quad t_0,\ t \in [a,b]. \tag{2.5}$$

这就是线性非齐次方程 (2.4) 的常数变易公式.

上式中出现基本解矩阵 Φ 的逆 Φ^{-1}. 矩阵求逆是线性代数的基本内容之一，这里我们只给出二阶矩阵的求逆公式. 如果 $A = (a_{ij})$ 是二阶可逆矩阵，则

$$A^{-1} = \frac{1}{\det A}\begin{pmatrix} a_{22} & -a_{12} \\ -a_{21} & a_{11} \end{pmatrix}.$$

线性微分方程的常数变易公式 (2.5) 是应当熟记的，至少常数变易法的思想要掌握. 这一公式对非线性微分方程有重要应用，详见本节习题第 7 题. 本节习题较多，也都是很基本的，最好全部做一下.

2.3.3 习题 2.3 及其答案或提示

(Ⅰ) **习题 2.3**

1. 试证线性非齐次方程组 (2.4) 满足初值条件 $x(t_0) = x_0$ 的解的存在唯一性等价于齐次方程组 (2.3) 满足初值条件 $x(t_0) = 0$ 的零解的存在唯一性.

2. 设 $\Phi(t)$ 为齐次线性方程组 (2.3) 标准基解矩阵，其中 $A(t)$ 是常矩阵. 试证：对任何 t, s，有

$$\Phi(t+s) = \Phi(t)\Phi(s).$$

3. 设 $A(t)$ 为区间 $[a,b]$ 上的 $n \times n$ 实连续矩阵，$\Phi(t)$ 是方程组 $x' = A(t)x$ 的基解矩阵. 试证：

(1) $\Phi^{-1}(t)$ 是方程组 $y' = -yA(t)$ 的基解矩阵，这里 y 为 n 元列向量;

(2) 利用 (1) 的结论，证明方程组 $x' = A(t)x + f(t)$ 等价于 $\dfrac{\mathrm{d}}{\mathrm{d}t}(\Phi^{-1}x) = \Phi^{-1}f$.

4. 证明：如果 $\Phi(t)$ 在区间$[a,b]$ 上是某一个线性齐次方程组的基解矩阵，那么此方程组必为 $\dfrac{\mathrm{d}x}{\mathrm{d}t} = \Phi'(t)\Phi^{-1}(t)x$. 试寻求一个线性齐次微分方程组，使它的基解矩阵为 $\Phi(t) = \begin{pmatrix} \mathrm{e}^t & t\mathrm{e}^{-t} \\ 0 & \mathrm{e}^t \end{pmatrix}$.

5. 验证 $\Phi(t)=\begin{pmatrix} t^2 & t \\ 2t & 1 \end{pmatrix}$为方程组 $x'=\begin{pmatrix} 0 & 1 \\ -\dfrac{2}{t^2} & \dfrac{2}{t} \end{pmatrix}x$ 在任何不包含原点的区间 $[a,b]$ 上的基解矩阵.

6. 求方程组 $x'=\begin{pmatrix} 2 & 1 \\ 1 & 2 \end{pmatrix}x+\begin{pmatrix} \mathrm{e}^{2t} \\ 0 \end{pmatrix}$ 的通解. 提示：对应的线性齐次方程有基解矩阵 $\Phi(t)=\begin{pmatrix} \mathrm{e}^t & \mathrm{e}^{3t} \\ -\mathrm{e}^t & \mathrm{e}^{3t} \end{pmatrix}$.

7. 给定方程组

$$x'=A(t)x, \tag{$*$}$$

这里 $A(t)$ 是在区间 $[a,b]$ 上连续的 $n\times n$ 矩阵函数. 设 $\Phi(t)$ 为 $(*)$ 的基解矩阵, n 维向量函数 $F(t,x)$ 在 $[a,b], \parallel x \parallel<\infty$ 上连续，$t_0\in[a,b]$. 试证明：初值问题

$$\begin{cases} x'=A(t)x+F(t,x), \\ \varphi(t_0)=\eta \end{cases} \tag{$**$}$$

的唯一解 $\varphi(t)$ 是积分方程组

$$x(t)=\Phi(t)\Phi^{-1}(t_0)\eta+\int_{t_0}^{t}\Phi(t)\Phi^{-1}(s)F(s,x(s))\mathrm{d}s \tag{$***$}$$

的连续解. 反之, $(***)$ 的连续解也是初值问题 $(**)$ 的解.

8. 证明：如果 $\displaystyle\int_{t_0}^{+\infty}\sum_{i=1}^{n}a_{ii}(t)\mathrm{d}t=+\infty$，则线性齐次微分方程组 $x'=A(t)x$ 至少有一个解在区间 $[t_0,+\infty)$ 上是无界的，这里 t_0 为给定实数，$A(t)=(a_{ij}(t))_{n\times n}$.

9. 设 $f_1(t), f_2(t)$ 为以 2π 为周期的连续函数. 试导出微分方程组

$$\begin{cases} x'=y+f_1(t), \\ y'=-x+f_2(t) \end{cases}$$

有周期为 2π 的解的充要条件. 提示：二维方程$x'=y$, $y'=-x$ 有基本解矩阵 $\Phi(t)=\begin{pmatrix} \cos t & \sin t \\ -\sin t & \cos t \end{pmatrix}$.

(Ⅱ) **答案或提示**

1. 此题题意是明确的，就是考验叠加原理的运用, 用反证法. 只是注意，该题目本身的叙述不很严密和准确.

2. 应用解的存在唯一性定理等.
3. 参考定理 2.8 结论 (4) 的证明.
4. 用待定函数法; 所求具体方程是

$$\frac{\mathrm{d}x}{\mathrm{d}t}=\begin{pmatrix}1 & (1-2t)\mathrm{e}^{-2t}\\ 0 & 1\end{pmatrix}x.$$

5. 注意，任意线性方程的基本解矩阵的定义域都是一个区间.
6. 该题中的线性齐次方程是本章习题 2.2 中第 2 题之特例. 通解为

$$\begin{pmatrix}\mathrm{e}^{3t} & \mathrm{e}^{t}\\ \mathrm{e}^{3t} & -\mathrm{e}^{t}\end{pmatrix}\begin{pmatrix}c_1\\ c_2\end{pmatrix}+\begin{pmatrix}0\\ -\mathrm{e}^{2t}\end{pmatrix}.$$

7. 应用常数变易公式.
8. 应用刘维尔公式和反证法.
9. 利用二维方程 $x'=y,\ y'=-x$ 有基本解矩阵

$$\varPhi(t)=\begin{pmatrix}\cos t & \sin t\\ -\sin t & \cos t\end{pmatrix}$$

及常数变易公式可得所求条件:

$$\int_0^{2\pi}[\cos t f_1(t)-\sin t f_2(t)]\mathrm{d}t=0,\quad \int_0^{2\pi}[\sin t f_1(t)+\cos t f_2(t)]\mathrm{d}t=0.$$

2.4 常系数线性常微分方程组的通解

2.4.1 基本问题

1. 常系数线性齐次方程

$$\frac{\mathrm{d}x}{\mathrm{d}t}=Ax$$

(其中 A 为 $n\times n$ 常数矩阵) 的通解是什么，是怎么证明的?

2. 常系数的线性非齐次微分方程

$$\frac{\mathrm{d}x}{\mathrm{d}t}=Ax+f(t)$$

(其中 $f(t)$ 为在区间 $[a,b]$ 上连续的 n 维列向量函数) 满足 $x(t_0)=x_0$ 的解的表达式是什么?

3. 当矩阵 A 有 n 个不同的特征值时，如何求标准基本解矩阵 e^{At}?

4. 认真理解后面定理 2.15 的证明，并按照其证明思路，证明：在定理 2.15 中将 k_j 换成 n_j 时其结论仍成立.

5*. 认真思考和理解后面定理 2.16 的证明. 进一步，分别对 $n=2,3$ 的情形利用定理 2.16 针对单重特征值与多重特征值等若干情况分别给出计算基本解矩阵的详细结论.

2.4.2 主要内容与注释

上一节我们已经把线性非齐次方程 (2.4) 的解的结构研究清楚了，但并没有给出有效的求解方法. 事实上，一般情况下是无法求解的. 为求其解，就要附加一些条件. 例如假设系数矩阵 $A(t)$ 是个 $n\times n$ 常矩阵，此时式 (2.3) 与式 (2.4) 分别成为所谓的常系数线性微分方程

$$\frac{\mathrm{d}x}{\mathrm{d}t}=Ax \tag{2.6}$$

与

$$\frac{\mathrm{d}x}{\mathrm{d}t}=Ax+f(t), \tag{2.7}$$

其中 $f(t)$ 是在闭区间 $[a,b]$ 连续的 n 维列向量函数.

本节的主要内容就是研究式 (2.6) 与式 (2.7) 的求解方法.

首先，由矩阵指数的性质与定理 B(iii)(对矩阵函数级数的推广) 可证下述有关式 (2.6) 的通解表达式的结果.

定理 2.10 *齐次微分方程 (2.6) 有标准基解矩阵 $\Phi(t)=\mathrm{e}^{At}$，满足 $\Phi(0)=E$. 从而线性方程 (2.6) 的通解为 $x(t)=\mathrm{e}^{At}c$，其中 c 为任意 n 维常列向量.*

易见，线性方程 (2.6) 满足初值条件 $x(t_0)=x^0$ 的解就是 $x(t)=\mathrm{e}^{A(t-t_0)}x^0$.

进一步，由定理 2.9 与式 (2.5) 知成立.

定理 2.11 *常系数线性非齐次微分方程 (2.7) 的通解为*

$$x(t)=\mathrm{e}^{At}c+\int_{t_0}^{t}\mathrm{e}^{A(t-s)}f(s)\mathrm{d}s,\quad t,t_0\in[a,b],$$

其中 c 为任意 n 维常列向量.

特别地，常系数线性方程 (2.7) 满足初值条件 $x(t_0)=x^0$ 的解可表示为

$$x(t)=\mathrm{e}^{A(t-t_0)}x^0+\int_{t_0}^{t}\mathrm{e}^{A(t-s)}f(s)\mathrm{d}s,\quad t,t_0\in[a,b]. \tag{2.8}$$

因此，求解式 (2.6) 与式 (2.7) 的关键是标准基解矩阵 e^{At}. 当 A 是一对角矩阵或是一个若尔当块时较容易给出 e^{At} 的具体形式. 一般情况下，求函数矩阵 e^{At} 并不容易. 另外，由定理 2.8 知，如果 $\Phi(t)$ 是式 (2.6) 的任意基解矩阵，则有下列关系式

$$\mathrm{e}^{At}=\Phi(t)\Phi^{-1}(0). \tag{2.9}$$

求基解矩阵 $\Phi(t)$ 有多种方法, 读者可以总结出这些方法. 所用每一种方法都涉及线性代数中矩阵求逆、矩阵标准形以及求解矩阵特征值与特征向量, 甚至线性空间分解等知识. 首先考虑矩阵 A 有 n 个线性无关的特征向量这一特殊情况 (特别当 A 有 n 个不同的特征值时就出现这种情况), 此时, 有下列结果.

定理 2.12 如果系数矩阵 A 有 n 个线性无关的特征向量 $v_1, v_2, \cdots, v_n$, 对应的特征值分别是 $\lambda_1, \lambda_2, \cdots, \lambda_n$(不一定互不相同), 则函数矩阵

$$\Phi(t) = (\mathrm{e}^{\lambda_1 t} v_1, \mathrm{e}^{\lambda_2 t} v_2, \cdots, \mathrm{e}^{\lambda_n t} v_n)$$

是齐次线性方程 (2.6) 的一个基解矩阵.

上述定理的证明很简单, 只需证明两点, 一是矩阵 $\Phi(t)$ 的每一列是解 (这由假设立得), 二是证明 $\det \Phi(0) \neq 0$(这也由假设立得).

由线性代数的矩阵标准形理论知, 如果矩阵 A 有 n 个不同的特征值, 则相应的特征值向量 $v_1, v_2, \cdots, v_n$ 一定是线性无关的. 在应用上述定理时, 第一步是求矩阵 A 的特征值, 即特征方程 $\det(\lambda E - A) = 0$ 的所有根, 若有 n 个不同的根 $\lambda_1, \lambda_2, \cdots, \lambda_n$, 则矩阵 A 就有 n 个线性无关的特征向量, 为求出这些向量, 我们对每个 λ_j 考虑线性代数方程组

$$(A - \lambda_j E)v = 0,$$

这个方程必有非零解, 记其为 v_j. 这样就获得特征值向量 $v_1, v_2, \cdots, v_n$, 这组向量一定是线性无关的, 从而式 (2.6) 的基解矩阵就求出来了.

现在考虑一种特殊情况, 即设矩阵 A 只有一个特征值, 记为 λ, 则 A 的若尔当标准形具有形式

$$J = \begin{pmatrix} \lambda & c_1 & & & \\ & \ddots & \ddots & & \\ & & & & \\ & & & \ddots & c_{n-1} \\ & & & & \lambda \end{pmatrix} = \lambda E + K, \tag{2.10}$$

其中 c_j 为 1 或 0, 而 K 是幂零矩阵, 且 $K^n = 0$. 那么必有可逆矩阵 T, 使有 $A = TJT^{-1}$. 于是

$$\mathrm{e}^{tA} = T\mathrm{e}^{tJ}T^{-1}.$$

由矩阵指数定义知

$$\mathrm{e}^{tJ} = \mathrm{e}^{t\lambda} \sum_{k=0}^{n-1} \frac{(tK)^k}{k!},$$

由于

$$TK^kT^{-1} = (TKT^{-1})^k = [T(J-\lambda E)T^{-1}]^k = (A-\lambda E)^k,$$

于是，我们有

$$\mathrm{e}^{tA} = \mathrm{e}^{t\lambda}\sum_{k=0}^{n-1}\frac{t^k}{k!}(A-\lambda E)^k. \tag{2.11}$$

我们知道，尽管 A 是实矩阵，其特征值也可能是复数，此时，可以通过复值解来获得实值解，常用到下述两个定理 (它们的证明是直接而简单的).

定理 2.13　设 A 是实矩阵，如果式 (2.6) 有复值解 $x(t) = u(t) + \mathrm{i}v(t)$，其中 $u(t)$ 与 $v(t)$ 为实向量函数，则

(1) $u(t)$ 与 $v(t)$ 都是式 (2.6) 的解；

(2) $x(t)$ 的共轭复值向量函数 $\overline{x(t)} = u(t) - \mathrm{i}v(t)$ 也是式 (2.6) 的解.

定理 2.14　如果 $x_1(t), x_2(t), \cdots, x_n(t)$ 为区间 $[a,b]$ 上的线性无关的向量函数，α, β 是两个不等于零的常数 (可能有复数)，则向量组

$$\alpha[x_1(t)+x_2(t)], \beta[x_1(t)-x_2(t)], x_3(t), \cdots, x_n(t)$$

在区间 $[a,b]$ 上也是线性无关的.

现在考虑一般情况，即 A 出现多个特征值且有多重特征值的情况. 此时 A 的若尔当标准形具有下述形式

$$J = \begin{pmatrix} J_1 & & & \\ & J_2 & & \\ & & \ddots & \\ & & & J_m \end{pmatrix}, \tag{2.12}$$

其中

$$J_j = \begin{pmatrix} \lambda_j & 1 & & \\ & \lambda_j & \ddots & \\ & & \ddots & 1 \\ & & & \lambda_j \end{pmatrix}$$

是 k_j 阶若尔当块 $(j = 1, 2, \cdots, m)$, $k_1 + k_2 + \cdots + k_m = n$, 而 $\lambda_1, \lambda_2, \cdots, \lambda_m$ 为 A

的特征值 (它们当中可能有相等的). 设可逆矩阵 T 使 $A = TJT^{-1}$, 则有

$$
\mathrm{e}^{At} = T\mathrm{e}^{Jt}T^{-1} = T\begin{pmatrix} \mathrm{e}^{J_1 t} & & & \\ & \mathrm{e}^{J_2 t} & & \\ & & \ddots & \\ & & & \mathrm{e}^{J_m t} \end{pmatrix} T^{-1}. \tag{2.13}
$$

这就给出了计算 e^{At} 的公式. 然而, 采用这个办法, 遇到的第一个问题是求 A 的所有特征值, 这个问题不算难, 第二个问题是求 A 的若尔当标准形 J. 这个问题有点麻烦. 第三个问题是求过渡矩阵 T 及其逆 T^{-1}. 这可利用等式 $AT = TJ$ 及待定系数法来做 (将 T 具体写出, 其元素作为待定量, T 的选择不是唯一的).

求若尔当标准形的最一般的方法是将 λ-矩阵 $\lambda E - A$ 经过一系列的初等变换化为对角型, 由此求出矩阵 A 的初等因子. 特别要指出的是, 这一方法中出现的特征值未必是互异的. 例如, 设 $n = 2$, 且 2 阶矩阵 A 有 2 重特征值 λ_0, 则 A 的若尔当标准形有下述两种可能的情况

$$
J = \begin{pmatrix} \lambda_0 & 0 \\ 0 & \lambda_0 \end{pmatrix}
$$

与

$$
J = \begin{pmatrix} \lambda_0 & 1 \\ 0 & \lambda_0 \end{pmatrix}.
$$

易见, 当 $A - \lambda_0 E = 0 (\neq 0)$ 时第一种 (第二种) 情况出现.

在求出若尔当标准形 J 及过渡矩阵 T 之后, 还要求 T 的逆. 这里, 我们给出利用伴随矩阵求矩阵之逆的方法. 设 T^* 表示 T 的伴随矩阵, 即它是由 T 的元素 t_{ij} 的代数余子式 A_{ij} 所构成矩阵之转置, 即

$$
T^* = \begin{pmatrix} A_{11} & A_{21} & \cdots & A_{n1} \\ A_{12} & A_{22} & \cdots & A_{n2} \\ \vdots & \vdots & & \vdots \\ A_{1n} & A_{2n} & \cdots & A_{nn} \end{pmatrix}.
$$

那么

$$
T^{-1} = \frac{1}{|T|}T^*.
$$

上面给出了求基解矩阵 e^{At} 的一种方法. 下面给出计算该矩阵的另一种办法 (即后面的定理 2.16). 仍设 A 有若尔当标准形 (2.12). 作为一个预备定理, 我们有下述结果.

定理 2.15 设 A 有若尔当标准形 (2.12), 其中与 λ_j 对应的若尔当块是 k_j 阶矩阵 J_j. 则向量函数

$$x_j(t) = e^{\lambda_j t}\left(c_0 + \frac{t}{1!}c_1 + \cdots + \frac{t^{k_j-1}}{(k_j-1)!}c_{k_j-1}\right)$$

是方程 (2.6) 的非零解当且仅当向量 $c_0, \cdots, c_{k_j-1}$ 满足下述递推关系:

$$(A-\lambda_j E)^{k_j}c_0 = 0, \quad c_0 \neq 0,$$

$$c_l = (A-\lambda_j E)c_{l-1}, \quad l = 1, 2, \cdots, k_j - 1.$$

由上述定理的证明易见, 线性代数方程 $(A-\lambda_j E)^{k_j}c_0 = 0$ 关于向量 c_0 有 k_j 个线性无关解, 因此我们就可以获得线性微分方程 (2.6) 的 k_j 个线性无关解. 如果对每个 λ_j 都可以这么做, 我们就可以得到 (2.6) 的基本解组. 然而这个方法仍然需要先求出 A 的若尔当标准形. 为避免这一步, 我们将 A 的若尔当标准形 (2.11) 改写成下述形式:

$$J = \begin{pmatrix} \widetilde{J_1} & & & \\ & \widetilde{J_2} & & \\ & & \ddots & \\ & & & \widetilde{J_k} \end{pmatrix},$$

其中 $\widetilde{J_j}$ 是 n_j 阶矩阵, 其特征值是 λ_j, 具有式 (2.10) 的形式, 且不同的 $\widetilde{J_j}$ 对应着不同的特征值 λ_j. 则注意到

$$Te^{tJ} = \left(\widetilde{T_1}, \cdots, \widetilde{T_k}\right)\begin{pmatrix} e^{\widetilde{J_1}t} & & \\ & \ddots & \\ & & e^{\widetilde{J_k}t} \end{pmatrix} = \left(\widetilde{T_1}e^{\widetilde{J_1}t}, \cdots, \widetilde{T_k}e^{\widetilde{J_k}t}\right),$$

其中 $\widetilde{T_j}e^{\widetilde{J_j}t}$ 的各列均具有形式

$$x_j(t) = e^{\lambda_j t}\left(c_0 + \frac{t}{1!}c_1 + \cdots + \frac{t^{n_j-1}}{(n_j-1)!}c_{n_j-1}\right),$$

也就是说, 当把 k_j 换成 n_j 时定理 2.15 的结论仍成立, 也即利用 $\widetilde{J_j}$ 可以获得式 (2.6) 的 n_j 个线性无关解 (容易证明这一结论, 只需对方程 (2.6) 引入线性变换 $x = Ty$). 于是可得下述一般定理.

定理 2.16 设 $\lambda_1,\lambda_2,\cdots,\lambda_k$ 是 A 的互不相同的特征值，其重数分别是 n_1, $n_2,\cdots,n_k$, 这里 $n_1+n_2+\cdots+n_k=n$, 则齐次方程 (2.6) 有基本解组

$$\begin{gathered}
\mathrm{e}^{\lambda_1 t}P_1^{(1)}(t),\ \mathrm{e}^{\lambda_1 t}P_2^{(1)}(t),\ \cdots,\ \mathrm{e}^{\lambda_1 t}P_{n_1}^{(1)}(t),\\
\mathrm{e}^{\lambda_2 t}P_1^{(2)}(t),\ \mathrm{e}^{\lambda_2 t}P_2^{(2)}(t),\cdots,\ \mathrm{e}^{\lambda_2 t}P_{n_2}^{(2)}(t),\\
\cdots\cdots\\
\mathrm{e}^{\lambda_k t}P_1^{(k)}(t),\ \mathrm{e}^{\lambda_k t}P_2^{(k)}(t),\ \cdots,\ \mathrm{e}^{\lambda_k t}P_{n_k}^{(k)}(t),
\end{gathered}$$

其中

$$P_s^{(j)}(t)=c_{s0}^{(j)}+\frac{t}{1!}c_{s1}^{(j)}+\cdots+\frac{t^{n_j-1}}{(n_j-1)!}c_{s,n_j-1}^{(j)},\quad s=1,2,\cdots,n_j$$

是对应于特征值 λ_j 的向量多项式，共 n_j 个，并且常数项向量 $c_{10}^{(j)},c_{20}^{(j)},\cdots$, $c_{n_j0}^{(j)}$ 是方程 $(A-\lambda_jE)^{n_j}c_0=0$ 的 n_j 个线性无关解，其他的系数向量满足下述递推式

$$c_{s,l}^{(j)}=(A-\lambda_jE)c_{s,l-1}^{(j)},\ l=1,2,\cdots,n_j-1,\ s=1,\cdots,n_j.$$

利用上述定理，就可以给出求解常系数线性方程组

$$\frac{\mathrm{d}x}{\mathrm{d}t}=Ax$$

的一般步骤，如下.

第 1 步. 利用 $|A-\lambda E|=0$ 求特征值. 设求出的 A 的相异特征值为 $\lambda_1,\cdots,\lambda_k$, 其重数分别为 $n_1,\cdots,n_k$, $n_1+\cdots+n_k=n$.

第 2 步. 对每个 λ_j, 求线性代数方程 $(A-\lambda_jE)^{n_j}c=0$ 关于 c 的 n_j 个线性无关解 (向量). 设这些解为

$$c_{10}^{(j)},\cdots,c_{n_j0}^{(j)},\quad j=1,\cdots,k.$$

第 3 步. 利用上面结果和递推方法计算下面各向量

$$c_{s,l}^{(j)}=(A-\lambda_jE)c_{s,l-1}^{(j)},\quad s=1,\cdots,n_j;\ l=1,\cdots,n_j-1;\ j=1,\cdots,k.$$

第 4 步. 计算下列 n 个多项式向量

$$P_s^{(j)}(t)=c_{s0}^{(j)}+\frac{t}{1!}c_{s1}^{(j)}+\cdots+\frac{t^{n_j-1}}{(n_j-1)!}c_{s,n_j-1}^{(j)},\quad s=1,\cdots,n_j;\ j=1,\cdots,k.$$

则所求线性方程就有如下 n 无关解所给出的基本解组

$$\mathrm{e}^{\lambda_j t}P_s^{(j)}(t),\quad s=1,\cdots,n_j;\ j=1,\cdots,k.$$

在应用上述定理时，只需要计算 A 的所有特征值及其重数，而不需要求出 A 的若尔当标准形. 利用定理 2.16 所给出的通解结构和矩阵 A 的特征值实部的正负就可以给出其全部解或部分解的渐近性质 (当变量 t 趋于正无穷时).

定理 2.16 是本节的难点，其证明涉及较多的线性代数知识，其结论也不必死记硬背，只需知道有这么个结论，需要时就查阅文献. 但简单的情形还是要记一记的，我们这里梳理一下 $n=2,3$ 时特征值的各种可能的情况.

首先，当 $n=2$ 时，A 的特征值只有两种情况：

(1) 两个单根，此时直接应用定理 2.12；

(2) 一个二重根，此时直接利用公式 (2.11).

当 $n=3$ 时，A 的特征值只有三种情况：

(1) 三个单根，此时直接应用定理 2.12；

(2) 一个三重根，此时直接利用公式 (2.11)；

(3) 一个单根 (记为 λ_1) 和一个二重根 (记为 λ_2)，此时线性方程 $(A-\lambda_1 E)c_0=0$ 有非零解 $c_{10}^{(1)}$，而方程 $(A-\lambda_2 E)^2 c_0=0$ 有非零的线性无关解 $c_{10}^{(2)}$ 与 $c_{20}^{(2)}$，令

$$c_{11}^{(2)}=(A-\lambda_2 E)c_{10}^{(2)},\quad c_{21}^{(2)}=(A-\lambda_2 E)c_{20}^{(2)},$$

则由定理 2.16，线性微分方程 (2.6) 的三个线性无关解是

$$\mathrm{e}^{\lambda_1 t}c_{10}^{(1)},\quad \mathrm{e}^{\lambda_2 t}(c_{10}^{(2)}+c_{11}^{(2)}t),\quad \mathrm{e}^{\lambda_2 t}(c_{20}^{(2)}+c_{21}^{(2)}t).$$

在第三种情况下，也可以不利用定理 2.16，而利用公式 (2.13) 来求解. 方法如下. 因为 λ_1 是单特征根，λ_2 是二重特征根，因此，A 的若尔当标准形总可以写成下述形式

$$J=\begin{pmatrix}\lambda_1 & & \\ & \lambda_2 & c\\ & & \lambda_2\end{pmatrix},$$

其中 c 是待定常数 (取 0 或 1). 将过渡矩阵 T(待求) 具体写出

$$T=\begin{pmatrix}t_{11} & t_{12} & t_{13}\\ t_{21} & t_{22} & t_{23}\\ t_{31} & t_{32} & t_{33}\end{pmatrix},$$

并求解含有 9 个未知量 t_{ij} 的线性方程

$$TJ=AT,$$

要求矩阵 T 可逆，那么这个方程要么对 $c=0$ 有解，要么对 $c\neq 0$(不妨设 $c=1$) 有解. 这个过程不但能确定量 c，同时还可以确定可逆矩阵 T，再求出 T^{-1}，于是利用公式 (2.13) 就可以求出标准基本解矩阵 e^{At}. 如果不求 T^{-1}，则可求出基本解矩阵 $\mathrm{e}^{At}T=T\mathrm{e}^{Jt}$.

对上述第三种情况，也有可能利用定理 2.12. 事实上，对单根 λ_1 来说，方程 $(A-\lambda_1 E)v=0$ 必有一个非零解，记为 v_1；对二重根 λ_2 来说，方程 $(A-\lambda_2 E)v=0$ 有可能出现两个线性无关的解，记为 v_{21} 与 v_{22}，此时 A 是可对角化的，即其若尔当标准形是 $\mathrm{diag}(\lambda_1,\lambda_2,\lambda_2)$，在这种情况下，就可以利用定理 2.12 知式 (2.6) 就有线性无关解 $\mathrm{e}^{\lambda_1 t}v_1$，$\mathrm{e}^{\lambda_2 t}v_{21}$，$\mathrm{e}^{\lambda_2 t}v_{22}$.

如果方程 $(A-\lambda_2 E)v=0$ 出现不了两个线性无关的解，那么 A 的若尔当标准形就一定是

$$\begin{pmatrix}\lambda_1 & & \\ & \lambda_2 & 1\\ & & \lambda_2\end{pmatrix}.$$

2.4.3 习题 2.4 及其答案或提示

(Ⅰ) **习题 2.4**

1. 试求方程组 $x'=Ax$ 的基解矩阵，并计算 e^{At}，其中 A 为

(1) $\begin{pmatrix}-2 & 1\\ -2 & 2\end{pmatrix}$; (2) $\begin{pmatrix}1 & 2\\ 4 & 3\end{pmatrix}$;

(3) $\begin{pmatrix}2 & -3 & 3\\ 4 & -5 & 3\\ 4 & -4 & 2\end{pmatrix}$; (4) $\begin{pmatrix}1 & 0 & 3\\ 8 & 1 & -1\\ 5 & 1 & -1\end{pmatrix}$.

2. 求方程组 $x'=Ax$ 之满足初值条件 $x(0)=\eta$ 的解，其中

(1) $A=\begin{pmatrix}1 & 2\\ 4 & 3\end{pmatrix},\eta=\begin{pmatrix}3\\ 3\end{pmatrix}$;

(2) $A=\begin{pmatrix}1 & 0 & 3\\ 8 & 1 & -1\\ 5 & 1 & -1\end{pmatrix},\eta=\begin{pmatrix}0\\ -2\\ -7\end{pmatrix}$.

3. 求非齐次方程组 $x' = Ax + f(t)$ 之满足初值条件的解，其中

(1) $A = \begin{pmatrix} 1 & 2 \\ 4 & 3 \end{pmatrix}, x(0) = \begin{pmatrix} -1 \\ 1 \end{pmatrix}, f(t) = \begin{pmatrix} e^t \\ 1 \end{pmatrix}$;

(2) $A = \begin{pmatrix} 0 & 1 & 0 \\ 0 & 0 & 1 \\ -6 & -11 & -6 \end{pmatrix}, x(0) = \begin{pmatrix} 0 \\ 0 \\ 0 \end{pmatrix}, f(t) = \begin{pmatrix} 0 \\ 0 \\ e^{-t} \end{pmatrix}$;

(3) $A = \begin{pmatrix} 4 & -3 \\ 2 & -1 \end{pmatrix}, x(0) = \begin{pmatrix} \eta_1 \\ \eta_2 \end{pmatrix}, f(t) = \begin{pmatrix} \sin t \\ -2\cos t \end{pmatrix}$.

4. 求齐次方程组 $x' = Ax$ 的通解，其中

(1) $A = \begin{pmatrix} 3 & 1 \\ 0 & 3 \end{pmatrix}$;

(2) $A = \begin{pmatrix} 2 & 1 & 0 \\ 0 & 2 & 0 \\ 0 & 0 & 2 \end{pmatrix}$;

(3) $A = \begin{pmatrix} 2 & 1 & 3 \\ 0 & 2 & -1 \\ 0 & 0 & 2 \end{pmatrix}$.

5. 设 m 不是矩阵 A 的特征值. 试证线性齐次方程组 $x' = Ax + ce^{mt}$ 有一解形如 $\varphi(t) = pe^{mt}$，其中 c, p 为常数向量.

(Ⅱ) 答案或提示

1. (1) 基本解矩阵

$$\Phi(t) = \begin{pmatrix} e^{\sqrt{2}t} & e^{-\sqrt{2}t} \\ (2+\sqrt{2})e^{\sqrt{2}t} & (2-\sqrt{2})e^{-\sqrt{2}t} \end{pmatrix}.$$

又

$$\Phi^{-1}(0) = \begin{pmatrix} \dfrac{1-\sqrt{2}}{2} & \dfrac{1}{2\sqrt{2}} \\ \dfrac{1+\sqrt{2}}{2} & -\dfrac{1}{2\sqrt{2}} \end{pmatrix}, \quad e^{At} = \Phi(t)\Phi^{-1}(0).$$

(2) 基本解矩阵

$$\Phi(t)=\begin{pmatrix} e^{5t} & e^{-t} \\ 2e^{5t} & -e^{-t} \end{pmatrix}.$$

又

$$\Phi^{-1}(0)=\begin{pmatrix} \frac{1}{3} & \frac{1}{3} \\ \frac{2}{3} & -\frac{1}{3} \end{pmatrix}, \quad e^{At}=\Phi(t)\Phi^{-1}(0).$$

(3) 基本解矩阵

$$\Phi(t)=\begin{pmatrix} e^{2t} & e^{-t} & 0 \\ e^{2t} & e^{-t} & e^{-2t} \\ e^{2t} & 0 & e^{-2t} \end{pmatrix}.$$

又

$$\Phi^{-1}(0)=\begin{pmatrix} 1 & -1 & 1 \\ 0 & 1 & -1 \\ -1 & 1 & 0 \end{pmatrix}, \quad e^{At}=\Phi(t)\Phi^{-1}(0).$$

(4) 基本解矩阵

$$\Phi(t)=\begin{pmatrix} 3e^{-3t} & 3e^{(2+\sqrt{7})t} & 3e^{(2-\sqrt{7})t} \\ -7e^{-3t} & (4\sqrt{7}-5)e^{(2+\sqrt{7})t} & (-5-4\sqrt{7})e^{(2-\sqrt{7})t} \\ -4e^{-3t} & (1+\sqrt{7})e^{(2+\sqrt{7})t} & (1-\sqrt{7})e^{(2-\sqrt{7})t} \end{pmatrix}.$$

2. (1) $x(t)=\begin{pmatrix} e^{-t}+2e^{5t} \\ -e^{-t}+4e^{5t} \end{pmatrix}.$

(2) 提示：利用上题相关结果.

3. (1) 利用题 1 中相关结果.

(2) 基本解矩阵

$$\Phi(t)=\begin{pmatrix} e^{-t} & e^{-2t} & e^{-3t} \\ -e^{-t} & -2e^{-2t} & -3e^{-3t} \\ e^{-t} & 4e^{-2t} & 9e^{-3t} \end{pmatrix},$$

$$\Phi^{-1}(0)=\begin{pmatrix}3 & 5/2 & 1/2\\ -3 & -4 & -1\\ 1 & 3/2 & 1/2\end{pmatrix},\quad \mathrm{e}^{At}=\Phi(t)\Phi^{-1}(0),$$

并利用常数变易公式.

(3) 基本解矩阵

$$\Phi(t)=\begin{pmatrix}\mathrm{e}^t & \mathrm{e}^{2t}\\ \mathrm{e}^t & \dfrac{2}{3}\mathrm{e}^{2t}\end{pmatrix},$$

$$\Phi^{-1}(0)=\begin{pmatrix}-2 & 3\\ 3 & -3\end{pmatrix},\quad \mathrm{e}^{At}=\Phi(t)\Phi^{-1}(0),$$

并利用常数变易公式.

4. (1) $x(t)=\begin{pmatrix}c_1+c_2t\\ c_2\end{pmatrix}\mathrm{e}^{3t}$.

(2) $x(t)=\begin{pmatrix}\mathrm{e}^{2t} & t\mathrm{e}^{2t} & 0\\ 0 & \mathrm{e}^{2t} & 0\\ 0 & 0 & \mathrm{e}^{2t}\end{pmatrix}c$.

(3) 基本解矩阵

$$\mathrm{e}^{At}=\begin{pmatrix}\mathrm{e}^{2t} & t\mathrm{e}^{2t} & (3t-t^2/2)\mathrm{e}^{2t}\\ 0 & \mathrm{e}^{2t} & -t\mathrm{e}^{2t}\\ 0 & 0 & \mathrm{e}^{2t}\end{pmatrix}.$$

5. 提示：利用条件确定向量 p.

2.5　第 2 章典例选讲与习题演练

2.5.1　典例选讲

例 1　设$\Phi(t)$ 是某一线性齐次方程的基解矩阵，求该线性方程. 特别 $\Phi(t)=\begin{pmatrix}\mathrm{e}^t & t\mathrm{e}^t\\ 0 & \mathrm{e}^t\end{pmatrix}$ 满足什么方程?

解 设所求线性方程为 $\dfrac{\mathrm{d}x}{\mathrm{d}t}=A(t)x$, 则

$$\Phi'(t)=A(t)\Phi(t)$$

成立，从上式可解出 $A(t)=\Phi'(t)\Phi^{-1}(t)$, 故所求线性方程是 $\dfrac{\mathrm{d}x}{\mathrm{d}t}=\Phi'(t)\Phi^{-1}(t)x$.

进一步，对所给具体 $\Phi(t)$,

$$\Phi'(t)\Phi^{-1}(t)=\begin{pmatrix}\mathrm{e}^t & \mathrm{e}^t+t\mathrm{e}^t\\ 0 & \mathrm{e}^t\end{pmatrix}\begin{pmatrix}\mathrm{e}^{-t} & -t\mathrm{e}^{-t}\\ 0 & \mathrm{e}^{-t}\end{pmatrix}=\begin{pmatrix}1 & 1\\ 0 & 1\end{pmatrix}$$

成立.

例 2 设 $A(t)$ 是 T 周期函数矩阵，即 $A(t+T)=A(t)$, 证明

(1) 若 $\Phi(t)$ 是线性方程 $x'=A(t)x$ 的基本解矩阵，则 $\Phi(t+kT)$ 也是，其中 k 为整数;

(2) 存在非奇异方阵 B, 使 $\Phi(t+kT)=\Phi(t)B^k$.

证明 (1) 令 $\Psi(t)=\Phi(t+kT)$, 则

$$\Psi'(t)=\Phi'(t+kT)=A(t+kT)\Phi(t+kT)=A(t)\Psi(t),$$

这表明 $\Psi(t)$ 也是方程 $x'=A(t)x$ 的基本解矩阵.

(2) 首先，因为 $\Phi(t)$ 与 $\Phi(t+T)$ 都是基本解矩阵，故存在非奇异矩阵 B, 使 $\Phi(t+T)=\Phi(t)B$ 成立. 由于该式对一切 t 成立，故

$$\Phi(t+2T)=\Phi(t+T)B,\quad \Phi(t)=\Phi(t-T)B,$$

于是

$$\Phi(t+2T)=\Phi(t)B^2,\quad \Phi(t-T)=\Phi(t)B^{-1},$$

一般地，对任意正整数 k 有

$$\Phi(t+kT)=\Phi(t+(k-1)T)B=\Phi(t+(k-2)T)B^2=\Phi(t)B^k,$$

$$\Phi(t-kT)=\Phi(t-(k-1)T)B^{-1}=\Phi(t-(k-2)T)B^{-2}=\Phi(t)B^{-k}.$$

即为所证.

例 3 设 n 阶矩阵函数 $A(t)$ 与 n 维向量函数 $f(t)$ 均在区间 $[a,b]$ 上连续，则线性方程 $x'=A(t)x+f(t)$ 在区间 $[a,b]$ 上最多有 $n+1$ 个线性无关的解，且当 $f(t)$ 不恒为零时一定存在 $n+1$ 个线性无关的解.

证明 先证第一个结论. 用反证法. 假设线性方程 $x'=A(t)x+f(t)$ 在区间 $[a,b]$ 上有 $n+2$ 个线性无关的解 $x_1(t),x_2(t),\cdots,x_{n+2}(t)$. 令 $y_j(t)=x_j(t)-x_{n+2}$,

$j=1,2,\cdots,n+1$, 则这 $n+1$ 个函数是线性齐次方程 $x'=A(t)x$ 的解，故这 $n+1$ 个向量函数必是线性相关的，即存在不全为零的常数 $c_1,c_2,\cdots,c_{n+1}$, 使得

$$c_1y_1(t)+c_2y_2(t)+\cdots+c_{n+1}y_{n+1}(t)=0,$$

即

$$c_1x_1(t)+c_2x_2(t)+\cdots+c_{n+1}x_{n+1}(t)-(c_1+c_2+\cdots+c_{n+1})x_{n+2}(t)=0,$$

这表明 $x_1(t),x_2(t),\cdots,x_{n+2}(t)$ 是线性相关的，矛盾. 第一结论证毕.

再证第二个结论. 由线性方程解的结构知，齐次方程 $x'=A(t)x$ 必有 n 个线性无关解，设为 $y_1(t),y_2(t),\cdots,y_n(t)$, 非齐次方程 $x'=A(t)x+f(t)$ 有特解，记为 $x_{n+1}(t)$. 令 $x_j(t)=y_j(t)+x_{n+1}(t)$, $j=1,2,\cdots,n$, 则可证 $n+1$ 个向量函数 $x_1(t),x_2(t),\cdots,x_{n+1}(t)$ 是非齐次方程 $x'=A(t)x+f(t)$ 的线性无关解. 事实上，设

$$c_1x_1(t)+c_2x_2(t)+\cdots+c_{n+1}x_{n+1}(t)=0,$$

即

$$c_1y_1(t)+c_2y_2(t)+\cdots+c_ny_n(t)=-(c_1+c_2+\cdots+c_{n+1})x_{n+1}(t),$$

因为 $f(t)$ 不恒为零，故 $x_{n+1}(t)$ 不是齐次方程 $x'=A(t)x$ 的解，于是由上式知必有 $c_1+c_2+\cdots+c_{n+1}=0$, 但 $y_1(t),y_2(t),\cdots,y_n(t)$ 是线性无关的，故再由上式知 $c_1=c_2=\cdots=c_n=0$, 这又进一步导致 $c_{n+1}=0$. 即为所证.

例 4 设 $x(t)=\mathrm{e}^{\lambda t}p(t)$ 是常系数微分方程 $x'=Ax$ 的解，其中 $p(t)$ 是多项式向量函数，次数为 k, 证明所述方程有线性无关解组 $\mathrm{e}^{\lambda t}p(t)$, $\mathrm{e}^{\lambda t}p'(t)$, $\cdots$, $\mathrm{e}^{\lambda t}p^{(k)}(t)$, 其中 $t\in(-\infty,+\infty)$.

证明 根据假设，向量函数 $x(t)=\mathrm{e}^{\lambda t}p(t)$ 是微分方程 $x'=Ax$ 的解，故成立

$$[\mathrm{e}^{\lambda t}p(t)]'=A\mathrm{e}^{\lambda t}p(t),$$

即

$$\mathrm{e}^{\lambda t}p'(t)+\lambda\mathrm{e}^{\lambda t}p(t)=A\mathrm{e}^{\lambda t}p(t),$$

或

$$\mathrm{e}^{\lambda t}p'(t)=-\lambda x(t)+A\mathrm{e}^{\lambda t}p(t),$$

对上式再求导，进一步得

$$(\mathrm{e}^{\lambda t}p'(t))'=-\lambda x'(t)+\lambda A\mathrm{e}^{\lambda t}p(t)+A\mathrm{e}^{\lambda t}p'(t),$$

即

$$(\mathrm{e}^{\lambda t}p'(t))'=-\lambda x'(t)+\lambda Ax(t)+A\mathrm{e}^{\lambda t}p'(t)=A\mathrm{e}^{\lambda t}p'(t),$$

这表明 $\mathrm{e}^{\lambda t}p'(t)$ 是解. 同理可证，$\mathrm{e}^{\lambda t}p''(t),\cdots,\mathrm{e}^{\lambda t}p^{(k)}(t)$ 都是解.

下证上述 $k+1$ 个解是线性无关的. 设有 $k+1$ 个常数使

$$c_0\mathrm{e}^{\lambda t}p(t)+c_1\mathrm{e}^{\lambda t}p'(t)+\cdots+c_k\mathrm{e}^{\lambda t}p^{(k)}(t)=0,$$

即

$$c_0p(t)+c_1p'(t)+\cdots+c_kp^{(k)}(t)=0,$$

因为 $p(t)$ 是次数为 k 的多项式，上式两端除以 t^k，并令 $t\to\infty$，就得到 $c_0\alpha=0$，其中 α 为某非零向量. 于是 $c_0=0$. 同理，依次可得 $c_1=0,\cdots,c_k=0$. 证毕.

2.5.2 习题演练及其答案或提示

(Ⅰ) 习题演练

1. 已知二维线性方程

$$y_1'=y_1/t-y_2,\quad y_2'=y_1/t^2+2y_2/t$$

有一个解为 $\varphi(t)=(t^2,-t)^{\mathrm{T}}$，求其通解.

2. 设 $x_1(t),\cdots,x_{n+1}(t)$ 是线性非齐次方程 $x'=A(t)x+f(t)$ 在区间 $[a,b]$ 上的 $n+1$ 个线性无关的解，则这一方程的任何解 $x(t)$ 都可以表示为

$$x(t)=c_1x_1(t)+\cdots+c_{n+1}x_{n+1}(t),\quad c_1+\cdots+c_{n+1}=1.$$

反之，上式给出的函数 $x(t)$ 一定是方程 $x'=A(t)x+f(t)$ 的解.

3. 求解线性方程

$$x'=a(t)x-b(t)y,\quad y'=b(t)x+a(t)y,$$

其中 $a(t)$ 与 $b(t)$ 为实连续函数.

4. 设 $x_j(t)$ 是定义于区间 $[a,b]$ 的微分方程 $x'=A(t)x+f_j(t)$ 的解，$j=1,2$，则 $x_1(t)+x_2(t)$ 是微分方程 $x'=A(t)x+f_1(t)+f_2(t)$ 的解.

5. 设 n 阶矩阵 $A(t)$ 对一切实数有定义且连续，如果 $A(t)$ 与 $\int_0^t A(s)\mathrm{d}s$ 可交换，则齐次方程 $x'=A(t)x$ 有基解矩阵 $\varPhi(t)=\mathrm{e}^{\int_0^t A(s)\mathrm{d}s}$.

6. 求方程 $x'=\begin{pmatrix}4&-1&0\\3&1&-1\\1&0&1\end{pmatrix}$ 的标准基本解矩阵.

7. 证明常系数微分方程 $x'=Ax$ 有以 $T\neq 0$ 为周期的非常数周期解当且仅当

系数矩阵 A 有形如 $\dfrac{2\pi\mathrm{i}}{T}$ 的特征值.

8. 设 n 阶矩阵 $A(t)$ 在 $(-\infty,+\infty)$ 上连续，则线性齐次方程 $x'=A(t)x$ 的任一非零解 $x(t)$ 处处不为零.

9. 给定齐次方程 $x'=Ax$, 其中 A 为常数矩阵. 证明

(1) 若 A 的所有特征根实部都是负的，则所有解当 $t\to+\infty$ 时都趋于 0；

(2) 若 A 的所有特征根实部都非正，且零实部的特征根都是简单根，则一切解对 $t\geqslant 0$ 都有界；

(3) 若 A 有一个特征根具有正实部，则有解当 $t\to+\infty$ 时趋向无穷.

10. 设方阵函数 $A(t)$ 是周期为 T 的连续函数，$\Phi(t)$ 是微分方程 $x'=A(t)x$ 的基本解矩阵, 试证: 如果 $\Phi(T)=\Phi(0)$，则方程 $x'=A(t)x$ 的一切解都是周期为 T 的连续函数.

11. 设方阵函数 $X(t)$ 在 $(-\infty,+\infty)$ 中是连续可微的，并且 $X(0)$ 可逆，试证: 如果关系式 $X(t)X(s)=X(t+s)$ 对任何实数 t 与 s 都成立, 则必存在方阵 A, 使得 $X(t)=\mathrm{e}^{At}$.

12. 设 $x(t)$ 为下列方程

$$x'=\begin{pmatrix}\sin t & 1\\ -1 & 0\end{pmatrix}x$$

的任一非零解，则对一切 t 必有 $||x(t)||>0$.

(Ⅱ) **答案或提示**

1. 提示: 做变换

$$\begin{pmatrix}y_1\\ y_2\end{pmatrix}=z_1\varphi(t)+\begin{pmatrix}0\\ z_2\end{pmatrix},$$

其中 z_1,z_2 为新变量. (另一解为 $(-t^2\ln t,t+t\ln t)^{\mathrm{T}}$)

3. 提示：引入变换 $u=x^2+y^2$, $v=\dfrac{x}{y}$. $\left(x^2+y^2=c_1\mathrm{e}^{2\int a(t)\mathrm{d}t},\ x=y\tan\left(-\int b(t)\mathrm{d}t+c_2\right)\right)$

6. 提示: 利用公式 (2.11).

7. 提示: 利用定理 2.16.

2.6　第 2 章总结与思考

本章研究线性微分方程解的基本性质. 这一章的内容是常微分方程理论的最基本的也是很成熟的知识, 应该全部理解和掌握. 首先, 2.1 节给出若干预备知识.

在前面的注释中, 我们给出了一些不等式的证明, 列出了一些数学分析里学过的定理. 我们对范数不等式

$$\|Ax\| \leqslant \|A\| \cdot \|x\|, \quad \|AB\| \leqslant \|A\| \cdot \|B\|$$

的证明是偶然想出来的, 这个证明是先特殊后一般, 体现了一种常用的数学思想, 这种证明思想值得读者思考. 2.2 节专门论述线性微分方程初值问题解的唯一性, 是为以后进一步的研究做准备的. 主要结果就是定理 2.2, 该定理是基本而重要的结果, 其证明用的是皮卡逼近法, 分为五步来完成, 整个证明过程用到数学分析中学过的多个定理, 以及数学分析中有关基本概念和结论对向量函数与矩阵函数的自然拓广. 2.3 节与 2.4 节是本章的主体内容, 重点论述线性微分方程解的结构及常系数线性方程的求解方法. 其中不可不提的是常数变易公式. 该公式的推导用的是常数变易法, 该方法的本质是变量变换. 常数变易法可应用于非线性方程 (见习题 2.3 之题 7). 尽管我们在一般情况下不能利用常数变易公式来求解, 但我们可以利用这个公式来分析非线性微分方程解的渐近性质, 因此, 它在微分方程定性与稳定性理论中都起着很重要的作用. 解矩阵的一个重要性质是满足刘维尔公式, 而求解常系数线性齐次微分方程的方法有多种, 我们在前面介绍了两种, 均涉及线性代数有关若尔当标准形、特征值、特征向量与空间分解等知识, 这里的重点是理解这些方法, 而对几种简单情况则应当掌握具体的求解方法.

第 3 章　高阶线性常微分方程

3.1　高阶线性常微分方程与一阶线性常微分方程组

3.1.1　基本问题

1. 下述 n 阶线性常微分方程

$$\frac{\mathrm{d}^n x}{\mathrm{d}t^n} + a_1(t)\frac{\mathrm{d}^{n-1}x}{\mathrm{d}t^{n-1}} + \cdots + a_{n-1}(t)\frac{\mathrm{d}x}{\mathrm{d}t} + a_n(t)x = f(t)$$

的初值条件是如何提出的?

2. 上述 n 阶线性微分方程可以化为一个 n 维一阶线性微分方程，它们之间等价的具体含义是什么?

3. 试给出定理 3.1 的简单证明 (定理 3.1 见本节后面).

4. 两个或多个联立的高阶线性微分方程如何化为高维一阶的微分方程? 以含两个未知量的二阶联立方程为例，理解转化前后方程等价的具体含义.

3.1.2　主要内容与注释

本章专门研究高阶非齐次线性微分方程

$$\frac{\mathrm{d}^n x}{\mathrm{d}t^n} + a_1(t)\frac{\mathrm{d}^{n-1}x}{\mathrm{d}t^{n-1}} + \cdots + a_{n-1}(t)\frac{\mathrm{d}x}{\mathrm{d}t} + a_n(t)x = f(t) \tag{3.1}$$

及其相应的齐次线性方程

$$\frac{\mathrm{d}^n x}{\mathrm{d}t^n} + a_1(t)\frac{\mathrm{d}^{n-1}x}{\mathrm{d}t^{n-1}} + \cdots + a_{n-1}(t)\frac{\mathrm{d}x}{\mathrm{d}t} + a_n(t)x = 0 \tag{3.2}$$

的解的性质，其中各函数 $a_j(t)$ 与 $f(t)$ 都是定义在区间 $[a,b]$ 上的连续函数. 因为上述两个方程都是 n 阶的，定解用的初值条件应该有 n 个，因此，其初值条件的提法为

$$\begin{pmatrix} x(t_0) \\ x'(t_0) \\ \vdots \\ x^{(n-1)}(t_0) \end{pmatrix} = X_0, \quad t_0 \in [a,b], \tag{3.3}$$

其中 X_0 为任意给定的 n 维常向量. 对式 (3.1) 引入变量变换

$$X=\begin{pmatrix} x \\ \dfrac{\mathrm{d}x}{\mathrm{d}t} \\ \vdots \\ \dfrac{\mathrm{d}^{n-1}x}{\mathrm{d}t^{n-1}} \end{pmatrix}, \tag{3.4}$$

可将其化为 n 维 (一阶) 的线性方程组

$$\frac{\mathrm{d}X}{\mathrm{d}t}=A(t)X+F(t), \tag{3.5}$$

其中

$$A(t)=\begin{pmatrix} 0 & 1 & 0 & \cdots & 0 \\ 0 & 0 & 1 & \cdots & 0 \\ \vdots & \vdots & \vdots & & \vdots \\ 0 & 0 & 0 & \cdots & 1 \\ -a_n(t) & -a_{n-1}(t) & -a_{n-2}(t) & \cdots & -a_1(t) \end{pmatrix}, \quad F(t)=\begin{pmatrix} 0 \\ 0 \\ \vdots \\ f(t) \end{pmatrix}.$$

关于式 (3.1) 与式 (3.5) 的等价性含义, 我们有下列主要引理.

引理 3.1 *n 阶方程 (3.1) 与 n 维方程 (3.5) 在下列意义下是等价的: 如果 $x=\varphi(t)$, $t\in[a,b]$ 是式 (3.1) 的解, 则向量函数*

$$X=\begin{pmatrix} \varphi(t) \\ \varphi'(t) \\ \vdots \\ \varphi^{(n-1)}(t) \end{pmatrix}, \quad t\in[a,b]$$

是式 (3.5) 的解; 反之, 如果向量函数

$$X(t)=\begin{pmatrix} x_1(t) \\ x_2(t) \\ \vdots \\ x_n(t) \end{pmatrix}, \quad t\in[a,b]$$

是式 (3.5) 的解，则其第一个分量 $x=x_1(t)$ 为式 (3.1) 的解 (并且，$x_j(t)=x_1^{(j-1)}(t)$，$j=2,\cdots,n$).

因此，研究高阶线性方程 (3.1) 的问题就转化为研究高维线性方程 (3.5) 的问题. 借助于这个引理，上一章有关高维线性微分方程之理论都可以轻易地过渡到上述一维高阶线性常微分方程. 例如，关于解的存在唯一性，我们有 (建议读者给出证明).

定理 3.1　设函数 $a_1(t),\cdots,a_n(t)$ 与 $f(t)$ 在区间 $[a,b]$ 上连续，则方程 (3.1) 有唯一的满足初值条件 (3.3) 的解 $x(t)$.

3.1.3　习题 3.1 及其答案或提示

(Ⅰ) **习题 3.1**

1. 将下列方程 (组) 化成一阶方程组：

(1) $x'+f(x)x'+g(x)=0$;

(2) $x'''+a_1(t)x''+a_2(t)x'+a_3(t)x=0$;

(3) $\begin{cases}\dfrac{\mathrm{d}^2x_1}{\mathrm{d}t^2}=a_1x_1+b_1x_2+C_1x_3,\\ \dfrac{\mathrm{d}^2x_2}{\mathrm{d}t^2}=a_2x_1+b_2x_2+C_2x_3,\\ \dfrac{\mathrm{d}^2x_3}{\mathrm{d}t^2}=a_3x_1+b_3x_2+C_3x_3.\end{cases}$

2. 将下列初值问题化为与之等价的一阶方程组的初值问题：

(1) $x''+2x'+7tx=\mathrm{e}^{-t},\ x(1)=7,\ x'(1)=2$;

(2) $x^{(4)}+3x^{(3)}+x=t\mathrm{e}^t,\ x(0)=1,\ x'(0)=-1,\ x''(0)=2,\ x'''(0)=0$;

(3) $\begin{cases}x''+5x'-7x+6y=\mathrm{e}^t, & x(0)=1,\ x'(0)=0,\\ y''-2y+13y'-15x=\cos t, & y(0)=0,\ y'(0)=1.\end{cases}$

(Ⅱ) **答案或提示**

1. (1) $x'=y,\ y'=-f(x)y-g(x)$.

(2) $x_1'=x_2,\ x_2'=x_3,\ x_3'=-a_1(t)x_3-a_2(t)x_2-a_3(t)x_1$.

(3) 该题答案不唯一，例如

$$x_1'=u,\quad u'=a_1x_1+b_1x_2+c_1x_3,$$
$$x_2'=v,\quad v'=a_2x_1+b_2x_2+c_2x_3,$$
$$x_3'=w,\quad w'=a_3x_1+b_3x_2+c_3x_3.$$

2. (1) $x'=y,\ y'=-2y-7tx+\mathrm{e}^{-t},\ x(1)=7,\ y(1)=2$. 其余两小题完全类似.

3.2 高阶线性微分方程的通解

3.2.1 基本问题

1. (1) 闭区间上的函数组的线性相关性与线性无关性，以及它们的朗斯基行列式各是如何定义的？

(2) 分别给出定理 3.3 与定理 3.4 成立的简单理由 (这两个定理的叙述见 74 页).

2. n 阶齐次线性常微分方程

$$\frac{\mathrm{d}^n x}{\mathrm{d}t^n}+a_1(t)\frac{\mathrm{d}^{n-1}x}{\mathrm{d}t^{n-1}}+\cdots+a_{n-1}(t)\frac{\mathrm{d}x}{\mathrm{d}t}+a_n(t)x=0$$

的通解结构如何？

3. 试利用变量变换的方法来完整论证 74 页引例之结论. 这样做可能更加通俗易懂，并能简化证明. 请与老师和同学交流你的论证 (电子稿).

4. 试利用引理 3.1 及高维线性微分方程的常数变易法 (或者说变量变换法) 来推出文献 [1] 中式 (3.33), 即

$$\begin{pmatrix} x_1(t) & x_2(t) & \cdots & x_n(t) \\ x_1'(t) & x_2'(t) & \cdots & x_n'(t) \\ \vdots & \vdots & & \vdots \\ x_1^{(n-1)}(t) & x_2^{(n-1)}(t) & \cdots & x_n^{(n-1)}(t) \end{pmatrix}\begin{pmatrix} C_1'(t) \\ C_2'(t) \\ \vdots \\ C_n'(t) \end{pmatrix}=\begin{pmatrix} 0 \\ 0 \\ \vdots \\ f(t) \end{pmatrix}$$

5*. (1) 如果方便，请尽可能多地查阅几本常微分方程教材，找出对习题 3.2 中题 7 或同类题目的证明，并思考证明的正确性.

(2) 给出上述题 7 的严格证明，并思考如何对这类题目进行可能的拓展.

3.2.2 主要内容与注释

本节的主要内容是研究式 (3.1) 与式 (3.2) 的通解结构. 本节有一些概念是与第 2 章有密切关联的，包括定义于闭区间上的函数组的线性相关性与线性无关性、函数组的朗斯基行列式、齐次方程 (3.2) 的基本解组等. 熟悉了第 2 章的内容，这些概念都容易理解，而且本节的大部分结果是与第 2 章平行的 (即第 2 章出现的结果，在这一章也类似地出现)，因此，本节的许多论证也就显得直接明了、简单易懂了. 首先有以下引理.

引理 3.2 设函数组 $\varphi_1(t), \varphi_2(t), \cdots, \varphi_n(t)$ 在区间 $[a,b]$ 上有定义且 $n-1$ 阶可微，则 $\varphi_1(t), \varphi_2(t), \cdots, \varphi_n(t)$ 在 $[a,b]$ 上线性相关的充要条件是向量函数组

$$X_1(t)=\begin{pmatrix}\varphi_1(t)\\ \varphi_1'(t)\\ \vdots\\ \varphi_1^{(n-1)}(t)\end{pmatrix},\ X_2(t)=\begin{pmatrix}\varphi_2(t)\\ \varphi_2'(t)\\ \vdots\\ \varphi_2^{(n-1)}(t)\end{pmatrix},\cdots,\ X_n(t)=\begin{pmatrix}\varphi_n(t)\\ \varphi_n'(t)\\ \vdots\\ \varphi_n^{(n-1)}(t)\end{pmatrix}$$

在 $[a,b]$ 上线性相关.

类似于定理 2.1，成立以下定理.

定理 3.2 设 $\varphi_1(t),\varphi_2(t),\cdots,\varphi_n(t)$ 定义在 $[a,b]$ 上且有 $n-1$ 阶导数，如果它们在 $[a,b]$ 上线性相关，则其朗斯基行列式在 $[a,b]$ 上恒为零，即

$$W[\varphi_1,\cdots,\varphi_n]=\begin{vmatrix}\varphi_1(t) & \varphi_2(t) & \cdots & \varphi_n(t)\\ \varphi_1'(t) & \varphi_2'(t) & \cdots & \varphi_n'(t)\\ \vdots & \vdots & & \vdots\\ \varphi_1^{(n-1)}(t) & \varphi_2^{(n-1)}(t) & \cdots & \varphi_n^{(n-1)}(t)\end{vmatrix}=0,\quad t\in[a,b].$$

与定理 2.1 类似，这一定理的逆也不成立.

又与定理 2.4 类似，由引理 3.2 与定理 2.4 即有以下定理.

定理 3.3 设 $\varphi_1(t),\varphi_2(t),\cdots,\varphi_n(t)$ 为齐次方程 (3.2) 定义在 $[a,b]$ 上的解，则它们在 $[a,b]$ 上线性无关当且仅当其朗斯基行列式在 $[a,b]$ 上恒不为零.

由引理 3.1 与定理 2.7，直接可得以下定理.

定理 3.4 设 $\varphi_1(t),\varphi_2(t),\cdots,\varphi_n(t)$ 为齐次方程 (3.2) 定义在 $[a,b]$ 上的解，则它们在 $[a,b]$ 上的朗斯基行列式 $W(t)$ 满足 (刘维尔公式)

$$W(t)=W(t_0)\mathrm{e}^{-\int_{t_0}^{t}a_1(s)\mathrm{d}s},\quad t_0\in[a,b].$$

同理，由定理 2.5 与定理 2.6，又得以下定理.

定理 3.5 n 阶齐次方程 (3.2) 一定存在 n 个线性无关解 $\varphi_1(t),\varphi_2(t),\cdots,\varphi_n(t)$，$t\in[a,b]$，并且其通解可表示为

$$x(t)=C_1\varphi_1(t)+C_2\varphi_2(t)+\cdots+C_n\varphi_n(t),\quad t\in[a,b],$$

其中 $C_1,C_2,\cdots,C_n$ 为任意常数.

下面我们给出一个例子 (即文献 [1] 的例 3.2)，并做进一步的解读.

引例 设 $x_1(t)\neq 0$ 为二阶齐次线性微分方程

$$x''+a_1(t)x'+a_2(t)x=0 \tag{3.6}$$

的解，这里 $a_1(t)$, $a_2(t)$ 在区间 $[a,b]$ 上连续，则

(1) $x_2(t)$ 为方程 (3.6) 的解的充要条件是

$$W'[x_1,x_2]+a_1W[x_1,x_2]=0; \tag{3.7}$$

(2) 方程 (3.6) 的通解可表示为

$$x(t)=x_1(t)\left[C_1\int\frac{1}{x_1^2}\mathrm{e}^{-\int_{t_0}^{t}a_1(s)\mathrm{d}s}\mathrm{d}t+C_2\right],\tag{3.8}$$

其中 C_1, C_2 为任意常数，t_0, $t\in[a,b]$.

下面我们详细地证明上面两个结论.

(1) 充分性. 设方程 (3.7) 成立, 证 $x_2(t)$ 为方程 (3.6) 的解. 注意到 x_1, x_2 的朗斯基行列式为

$$W[x_1,x_2]=\begin{vmatrix}x_1 & x_2\\ x_1' & x_2'\end{vmatrix},$$

于是

$$W'[x_1,x_2]=\begin{vmatrix}x_1' & x_2'\\ x_1' & x_2'\end{vmatrix}+\begin{vmatrix}x_1 & x_2\\ x_1'' & x_2''\end{vmatrix}=\begin{vmatrix}x_1 & x_2\\ x_1'' & x_2''\end{vmatrix},$$

$$\begin{aligned}W'[x_1,x_2]+a_1(t)W[x_1,x_2]=&\begin{vmatrix}x_1 & x_2\\ x_1'' & x_2''\end{vmatrix}+a_1(t)\begin{vmatrix}x_1 & x_2\\ x_1' & x_2'\end{vmatrix}\\ =&\begin{vmatrix}x_1 & x_2\\ x_1''+a_1(t)x_1' & x_2''+a_1(t)x_2'\end{vmatrix},\end{aligned}$$

而 $x_1(t)\neq 0$ 为方程 (3.6) 的解，即 $x_1''+a_1(t)x_1'+a_2(t)x_1=0$，所以上式之右端等于

$$\begin{aligned}\begin{vmatrix}x_1 & x_2\\ -a_2(t)x_1 & x_2''+a_1(t)x_2'\end{vmatrix}=&x_1\begin{vmatrix}1 & x_2\\ -a_2(t) & x_2''+a_1(t)x_2'\end{vmatrix}\\ =&x_1(x_2''+a_1(t)x_2'+a_2(t)x_2).\end{aligned}$$

故由方程 (3.7) 知

$$x_2''+a_1(t)x_2'+a_2(t)x_2=0.$$

这表明 $x_2(t)$ 为方程 (3.6) 的解.

必要性. 设 x_1, x_2 为方程 (3.6) 的解，其中 $x_1(t)\neq 0$，则

$$\begin{aligned}W'[x_1,x_2]=&\begin{vmatrix}x_1 & x_2\\ x_1'' & x_2''\end{vmatrix}=\begin{vmatrix}x_1 & x_2\\ x_1''+a_2(t)x_1 & x_2''+a_2(t)x_2\end{vmatrix}\\ =&\begin{vmatrix}x_1 & x_2\\ -a_1(t)x_1' & -a_1(t)x_2'\end{vmatrix}=-a_1(t)\begin{vmatrix}x_1 & x_2\\ x_1' & x_2'\end{vmatrix}\\ =&-a_1(t)W[x_1,x_2],\end{aligned}$$

即 $W[x_1,x_2]$ 满足 $W'[x_1,x_2]+a_1(t)W[x_1,x_2]=0$.

(2) 设 x_2 为方程 (3.6) 的解, 满足 $x_1(t_0)x_2'(t_0)-x_1'(t_0)x_2(t_0)=1$(例如，可取 $x_2(t_0)=0,\ x_1(t_0)x_2'(t_0)=1$), 其中 $t_0\in[a,b]$. 由刘维尔公式得

$$W(t)=\begin{vmatrix} x_1 & x_2 \\ x_1' & x_2' \end{vmatrix}=W(t_0)\mathrm{e}^{-\int_{t_0}^{t}a_1(s)\mathrm{d}s}=\mathrm{e}^{-\int_{t_0}^{t}a_1(s)\mathrm{d}s},$$

即

$$x_1x_2'-x_1'x_2=\mathrm{e}^{-\int_{t_0}^{t}a_1(s)\mathrm{d}s}.$$

两边同乘以 $\dfrac{1}{x_1^2}$，则有

$$\frac{\mathrm{d}}{\mathrm{d}t}\left(\frac{x_2}{x_1}\right)=\frac{1}{x_1^2}\mathrm{e}^{-\int_{t_0}^{t}a_1(s)\mathrm{d}s}.$$

积分得

$$\frac{x_2}{x_1}=\int\frac{1}{x_1^2}\mathrm{e}^{-\int_{t_0}^{t}a_1(s)\mathrm{d}s}\mathrm{d}t+C_2,\quad 其中C_2为某常数,$$

即

$$x_2=x_1\int\frac{1}{x_1^2}\mathrm{e}^{-\int_{t_0}^{t}a_1(s)\mathrm{d}s}\mathrm{d}t+C_2x_1.$$

令

$$\tilde{x_2}=x_1\int\frac{1}{x_1^2}\mathrm{e}^{-\int_{t_0}^{t}a_1(s)\mathrm{d}s}\mathrm{d}t,$$

则 $\tilde{x_2}$ 为方程 (3.6) 的解, 且 x_1 与 $\tilde{x_2}$ 线性无关, 故方程 (3.6) 的通解为式 (3.8).

上面的证明详细而且严密，但不足之处是不是很简洁. 那么，能不能对上述证明做一下简化呢？我们再回顾一下前面的两个结论，就不难发现，其实质是说，如果已知一个二阶齐次线性方程的非零解，就可以把它降成一阶齐次线性方程，从而可求出其通解. 更明确地说，如果我们用变量变换的方法，就可以简化论证过程. 事实上，引入变换如下:

$$w=\begin{vmatrix} x_1 & x \\ x_1' & x' \end{vmatrix}=x_1^2\left(\frac{x}{x_1}\right)',$$

其中 x_1 为已给非零解，x 为原变量，w 为新变量，则二阶微分方程

$$x''+a_1(t)x'+a_2(t)x=0$$

就化为一阶微分方程

$$w'+a_1w=0.$$

其余部分，这里就不详细给出了. 这里强调一下，变量变换是处理数学问题的非常重要的方法，它可以把看上去不能解决的问题转化为可以解决的问题. 前面第 2.4 节，常系数线性微分方程组的指数矩阵的求解过程就是很好的例子.

类似于定理 2.9(利用引理 3.1 及定理 2.9)，可得 n 阶线性非齐次方程 (3.1) 的通解结构定理，即

定理 3.6 设 $x_1(t), x_2(t), \cdots, x_n(t)$ 为齐次线性方程 (3.2) 的基础解组，而 $\bar{x}(t)$ 为方程 (3.1) 的一个特解，则方程 (3.1) 的通解可表示为

$$x(t) = C_1x_1(t) + C_2x_2(t) + \cdots + C_nx_n(t) + \bar{x}(t),$$

其中 $C_1, C_2, \cdots, C_n$ 为任意常数. 此外，上式包含了方程 (3.1) 的所有解.

关于高阶线性方程 (3.1) 的求解，我们可以将其转化成高维线性方程组，应用方程组的常数变易法处理之. 详之，设 $x_1(t), x_2(t), \cdots, x_n(t)$ 为齐次方程 (3.2) 的 n 个线性无关解，则与非齐次线性方程 (3.5) 相应的线性齐次方程 $\dfrac{\mathrm{d}X}{\mathrm{d}t} = A(t)X$ 有基本解矩阵

$$\varPhi(t) = \begin{pmatrix} x_1 & x_2 & \cdots & x_n \\ x_1' & x_2' & \cdots & x_n' \\ \vdots & \vdots & & \vdots \\ x_1^{(n-1)} & x_2^{(n-1)} & \cdots & x_n^{(n-1)} \end{pmatrix}.$$

对非齐次线性方程 (3.5) 引入变换

$$X = \varPhi(t)\begin{pmatrix} C_1 \\ C_2 \\ \vdots \\ C_n \end{pmatrix} \equiv \varPhi(t)C,$$

(视 C 为新变量)，则可得

$$\varPhi(t)C'(t) = F(t) \quad \text{或} \quad C'(t) = \varPhi^{-1}(t)F(t).$$

由于向量函数 $F(t)$ 的特殊形式，可利用线性代数中的克拉默法则解出 $C'(t)$，再积分，可得一个向量函数 $C(t)$，将这个函数代入 $\varPhi(t)C(t)$, 所得向量函数就是方程 (3.5) 的一个特解，而由引理 3.1 可知这个特解的第一个分量就是方程 (3.1) 的一个特解，其形式为

$$\tilde{x}(t) = (x_1(t), x_2(t), \cdots, x_n(t))C(t) = x_1(t)C_1(t) + x_2(t)C_2(t) + \cdots + x_n(t)C_n(t).$$

上式表明，我们不必先将方程 (3.1) 化成方程 (3.5) 后再施行常数变易法，即我们可以直接对方程 (3.1) 施行常数变易法，详细叙述如下，假设

$$\tilde{x}(t) = x_1(t)C_1(t) + x_2(t)C_2(t) + \cdots + x_n(t)C_n(t)$$

是方程 (3.1) 的解，其中函数 $C_1(t), C_2(t), \cdots, C_n(t)$ 满足方程

$$\Phi(t)C'(t) = F(t) \quad 或 \quad C'(t) = \Phi^{-1}(t)F(t),$$

由此解得 $C'(t)$ 及 $C(t) = (C_1(t), C_2(t), \cdots, C_n(t))^{\mathrm{T}}$.

当然，这样一来，看上去简化了步骤，但“常数变易法的本质是变量变换”却遗失了. 按照上述方法可以求出方程 (3.1) 一个特解 $\tilde{x}(t)$ 的具体表达式，在 $n=2$ 的情况, 这个特解有下述表达式

$$\tilde{x}(t) = x_1(t)\int_{t_0}^{t} \frac{-x_2(s)}{W(s)} f(s)\mathrm{d}s + x_2(t)\int_{t_0}^{t} \frac{x_1(s)}{W(s)} f(s)\mathrm{d}s,$$

其中 $W(t) = \det \Phi(t)$.

顺便指出，有些教材是先阐述高阶线性微分方程理论，再介绍高维线性微分方程理论，这样的安排必然导致对高阶线性微分方程的论证就没有这么简单明了了，但这样做的好处是读者学习高维线性微分方程的理论时会变得容易些.

3.2.3　习题 3.2 及其答案或提示

(Ⅰ)　**习题 3.2**

1. 求方程　$(1-t^2)x'' - 2tx' + 2x = 0$　的通解.

2. 已知方程　$(1-\ln t)x'' + \dfrac{1}{t}x' - \dfrac{1}{t^2}x = 0$ 的一个解 $x_1 = \ln t$，求其通解.

3. 在方程 $x'' + p(t)x' + q(t)x = 0$ 中，当系数 $p(t), q(t)$ 满足什么条件时，其基本解组的朗斯基行列式等于常数.

4. 设 $x_1(t)$ 为 n 阶线性齐次方程

$$\frac{\mathrm{d}^n x}{\mathrm{d}t^n} + a_1(t)\frac{\mathrm{d}^{n-1}x}{\mathrm{d}t^{n-1}} + \cdots + a_n(t)x = 0$$

的一个非零解. 证明：利用线性变换 $x = x_1(t)y$ 可将已知方程化为 $n-1$ 阶的齐次方程.

5. 已知齐次线性微分方程的基本解组 x_1, x_2，求下列方程对应的非齐次线性微分方程的通解:

(1)　$x'' - x = \dfrac{2\mathrm{e}^t}{\mathrm{e}^t - 1}$, $x_1 = \mathrm{e}^t$, $x_2 = \mathrm{e}^{-t}$;

(2)　$x'' + 4x = t\sin t$, $x_1 = \cos 2t$, $x_2 = \sin 2t$.

6. 设 $p(t), q(t), f(t)$ 在 $[0,1]$ 上连续. 试证明：方程 $x'' + p(t)x' + q(t)x = f(t)$ 满足 $x(0) = x(1) = 0$ 的解唯一的充要条件如下：方程 $x'' + p(t)x' + q(t)x = 0$ 只有零解满足条件 $x(0) = x(1) = 0$.

7. 设在方程 $x''+3x'+2x=f(t)$ 中，$f(t)$ 在 $[a,+\infty)$ 上连续，且 $\lim\limits_{t\to+\infty}f(t)=0$. 试证明：所述方程的任一解 $x(t)$ 均满足 $\lim\limits_{t\to+\infty}x(t)=0$.

(II) **答案或提示**

1. 提示：观察知，有特解 $x_1(t)=t$, 然后利用已知结果，或引入降阶的变换 $x=x_1(t)y$.

2. 同上.

3. 提示：利用刘维尔公式.

4. 提示：题中给出的变换肯定可以降一阶，因为原方程的解 $x_1(t)$ 转化成新方程的解 $y=1$, 再观察题中所给方程，如果 $x=1$ 是解，则必有 $a_n(t)\equiv 0$.

5. 提示：利用常数变易法.

6. 提示：用反证法及叠加原理.

7. 提示：这是个很好的练习题. 主要环节是利用常数变易法求出通解，再利用求极限的洛必达法则，得出要证明的结论. 需要注意的是，要正确使用 (因为一些相关的辅导材料中出现不严格使用的情况). 参考前面第 1 章末的说明或 3.5 节之例 5.

3.3 高阶常系数线性齐次微分方程的通解

3.3.1 基本问题

1. 常系数的 n 阶齐次线性微分方程

$$\frac{\mathrm{d}^n x}{\mathrm{d}t^n}+a_1\frac{\mathrm{d}^{n-1}x}{\mathrm{d}t^{n-1}}+\cdots+a_{n-1}\frac{\mathrm{d}x}{\mathrm{d}t}+a_n x=0$$

的特征方程和特征根是怎么定义的?

2. 当上述微分方程有 n 个互异 (单重) 特征根 $\lambda_1,\cdots,\lambda_n$ 时，其相应的 n 个解 $\mathrm{e}^{\lambda_1 t},\cdots,\mathrm{e}^{\lambda_n t}$ 的解的线性无关性是怎么证的? 试用归纳法给出更为简洁的证明.

3. 由上述微分方程的一个 k 重特征根 λ_1, 可获得 k 个线性无关解 $\mathrm{e}^{\lambda_1 t}$, $t\mathrm{e}^{\lambda_1 t},\cdots,t^{k-1}\mathrm{e}^{\lambda_1 t}$, 这一结论如何证明?

4. 如何求上述微分方程的通解? 如何求其实通解?

5*. (1) 请读懂定理 3.7 的证明，并参考这个证明给出另一个证明：对 q 用归纳法.

(2) 请查阅有关教材学习有关欧拉方程的通解求法，并给出类似于定理 3.7 的结果.

3.3.2　主要内容与注释

上一节的结果给出线性方程 (3.1) 与 (3.2) 的通解的结构，但并没有告诉我们如何求其解，事实上，一般情况下也是求不出来的. 本节介绍最早由大数学家欧拉引入的寻求常系数的 n 阶齐次线性微分方程

$$L[x] \equiv \frac{\mathrm{d}^n x}{\mathrm{d}t^n} + a_1 \frac{\mathrm{d}^{n-1}x}{\mathrm{d}t^{n-1}} + \cdots + a_{n-1}\frac{\mathrm{d}x}{\mathrm{d}t} + a_n x = 0 \tag{3.9}$$

通解的方法，其中 $a_1, \cdots, a_n$ 为实常数. 这个方法的关键是求微分方程 (3.9) 的特征根及其重数，这里方程 (3.9) 的特征根是指下列特征方程

$$P(\lambda) \equiv \lambda^n + a_1\lambda^{n-1} + \cdots + a_{n-1}\lambda + a_n = 0$$

的根.

求通解的过程是从特殊情况 (单重特征根) 到一般情形 (多重特征根)，一步一步解决问题，其间用到数学分析和线性代数的一些知识，主要是用到有关一元函数求导与多元函数偏导数的知识和技巧.

我们先来解释 k 重根的含义. 函数 $P(\lambda)$ 以某数 λ_1 为 k 重根的含义是下列分解式成立:

$$P(\lambda) = (\lambda - \lambda_1)^k P_1(\lambda), \quad P_1(\lambda_1) \neq 0.$$

上述式子成立不要求 P 是多项式. 例如，如果函数 P 在 $\lambda = \lambda_1$ 是无限次可导的，只要上式成立，我们都说 $\lambda = \lambda_1$ 是函数 P 的 k 重根. 易证，上式成立当且仅当下式成立:

$$P(\lambda_1) = P'(\lambda_1) = \cdots = P^{(k-1)}(\lambda_1) = 0, \quad P^{(k)}(\lambda_1) \neq 0.$$

例如，$x = 0$ 是正弦函数 $\sin x$ 的单根，而 $x = 0$ 是 $1 - \cos x$ 的二重根.

回到方程 (3.9) 的解，一个基本事实是，如果特征多项式 $P(\lambda)$ 有 k 重根 $\lambda_1 (1 \leqslant k \leqslant n)$，则方程 (3.9) 有 k 个线性无关解

$$\mathrm{e}^{\lambda_1 t},\ t\mathrm{e}^{\lambda_1 t},\ \cdots,\ t^{k-1}\mathrm{e}^{\lambda_1 t}.$$

事实上，对任意满足 $0 \leqslant m \leqslant k-1$ 的整数 m, 利用

$$t^m \mathrm{e}^{\lambda_1 t} = \frac{\mathrm{d}^m}{\mathrm{d}\lambda^m}(\mathrm{e}^{\lambda t})\big|_{\lambda=\lambda_1}, \quad \frac{\mathrm{d}^{n-j}}{\mathrm{d}t^{n-j}}\mathrm{e}^{\lambda t} = \lambda^{n-j}\mathrm{e}^{\lambda t},$$

可知

$$\frac{\mathrm{d}^{n-j}}{\mathrm{d}t^{n-j}}(t^m \mathrm{e}^{\lambda_1 t}) = \frac{\mathrm{d}^{n-j}}{\mathrm{d}t^{n-j}}\frac{\mathrm{d}^m}{\mathrm{d}\lambda^m}(\mathrm{e}^{\lambda t})\big|_{\lambda=\lambda_1}$$

$$=\frac{\mathrm{d}^m}{\mathrm{d}\lambda^m}\left(\frac{\mathrm{d}^{n-j}}{\mathrm{d}t^{n-j}}(\mathrm{e}^{\lambda t})\right)\Big|_{\lambda=\lambda_1}$$

$$=\frac{\mathrm{d}^m}{\mathrm{d}\lambda^m}\left(\lambda^{n-j}\mathrm{e}^{\lambda t}\right)\Big|_{\lambda=\lambda_1}.$$

由方程 (3.9), 算式 L 可写为

$$L[x]=\sum_{j=0}^{n}a_j\frac{\mathrm{d}^{n-j}x}{\mathrm{d}t^{n-j}},\quad a_0=1.$$

故由上一式可得

$$L[t^m\mathrm{e}^{\lambda_1 t}]=\frac{\mathrm{d}^m}{\mathrm{d}\lambda^m}\left(P(\lambda)\mathrm{e}^{\lambda t}\right)\Big|_{\lambda=\lambda_1}.$$

因此，当 λ_1 是 $P(\lambda)$ 的 k 重根时，则 λ_1 也是 $P(\lambda)\mathrm{e}^{\lambda t}$ 的 k 重根 (把 t 固定，视为常数)，即

$$\frac{\mathrm{d}^m}{\mathrm{d}\lambda^m}P(\lambda)\Big|_{\lambda=\lambda_1}=0\ \Rightarrow\ \frac{\mathrm{d}^m}{\mathrm{d}\lambda^m}\left(P(\lambda)\mathrm{e}^{\lambda t}\right)\Big|_{\lambda=\lambda_1}=0.$$

故对满足 $0\leqslant m\leqslant k-1$ 的每个整数 m, 均有 $L[t^m\mathrm{e}^{\lambda_1 t}]=0$，这表明 $t^m\mathrm{e}^{\lambda_1 t}$ 是方程 (3.9) 的解.

与文献 [1] 的有关内容相比，上述推导既简洁又易懂. 教材中的论证尽管略显繁琐，但导出了下面的公式:

$$L[t^m\mathrm{e}^{\lambda t}]=\mathrm{e}^{\lambda t}\sum_{j=0}^{m}\mathrm{C}_m^j P^{(j)}(\lambda)t^{m-j}. \tag{3.10}$$

这一公式在后来的一节里多次用到.

基于前面的讨论，不难想到下面的一般结果.

定理 3.7 *如果方程 (3.9) 有 q 个互异的特征根 $\lambda_1,\lambda_2,\cdots,\lambda_q$，它们的重数分别是 $m_1,m_2,\cdots,m_q$, $m_j\geqslant 1$, 且 $m_1+m_2+\cdots+m_q=n$，则下面的 n 个函数*

$$\mathrm{e}^{\lambda_j t},\ t\mathrm{e}^{\lambda_j t},\ \cdots,\ t^{m_j-1}\mathrm{e}^{\lambda_j t},\quad j=1,2,\cdots,q$$

构成了齐次方程 (3.9) 在 $(-\infty,+\infty)$ 上的基本解组.

证明的难点在于这 n 个函数的线性无关性，思路并不难理解，只是求导过程中的计算有些复杂，相信读者用心阅读还是能够看懂的. 建议读者对 q 用归纳法给出一个新证明 (主要技巧还是要参考文献 [1])，这样可能会简化证明过程.

注意到方程 (3.9) 中的系数都假设为实数，因此，它的复根一定是成对出现的，利用公式

$$\mathrm{e}^{(a+\mathrm{i}b)t}=\mathrm{e}^{at}(\cos(bt)+\mathrm{i}\sin(bt)),$$

就可以从方程 (3.9) 的 $2k$ 个线性无关的复值解获得 $2k$ 个线性无关的实值解，从而获得下述的定理 3.8.

定理 3.8 若实系数齐次方程 (3.9) 的特征方程有 r 个互异的实特征根 $\lambda_1, \lambda_2, \cdots, \lambda_r$ 及 $2l$ 个互异的复特征根 $a_1 \pm \mathrm{i}b_1, a_2 \pm \mathrm{i}b_2, \cdots, a_l \pm \mathrm{i}b_l$，重数分别为 $n_1, \cdots, n_r$ 及 $m_1, \cdots, m_l$，满足

$$n_1 + \cdots + n_r + 2(m_1 + \cdots + m_l) = n,$$

则方程 (3.9) 有如下的实解并组成基本解组:

$$\mathrm{e}^{\lambda_k t}, t\mathrm{e}^{\lambda_k t}, \cdots, t^{n_k-1}\mathrm{e}^{\lambda_k t}, \quad k = 1, 2, \cdots, r,$$

$$\mathrm{e}^{a_j t}\cos b_j t,\ t\mathrm{e}^{a_j t}\cos b_j t,\ \cdots,\ t^{m_j-1}\mathrm{e}^{a_j t}\cos b_j t, \quad j = 1, 2, \cdots, l,$$

$$\mathrm{e}^{a_j t}\sin b_j t,\ t\mathrm{e}^{a_j t}\sin b_j t,\ \cdots,\ t^{m_j-1}\mathrm{e}^{a_j t}\sin b_j t, \quad j = 1, 2, \cdots, l.$$

形如

$$t^n \frac{\mathrm{d}^n x}{\mathrm{d}t^n} + a_1 t^{n-1}\frac{\mathrm{d}^{n-1}x}{\mathrm{d}t^{n-1}} + \cdots + a_{n-1}t\frac{\mathrm{d}x}{\mathrm{d}t} + a_n x = 0$$

的方程称为欧拉方程. 可证这样的方程经变换 $t = \mathrm{e}^u$ 或 $u = \ln t$(不妨设 $t > 0$，当 $t < 0$ 时可改用 $t = -\mathrm{e}^u$) 而化成常系数线性方程 (3.9) 的形式. 事实上，由复合函数求导法则知

$$\frac{\mathrm{d}x}{\mathrm{d}t} = \frac{\mathrm{d}x}{\mathrm{d}u}\frac{\mathrm{d}u}{\mathrm{d}t} = \frac{1}{t}\frac{\mathrm{d}x}{\mathrm{d}u},\ \frac{\mathrm{d}^2 x}{\mathrm{d}t^2} = \frac{1}{t^2}\left(\frac{\mathrm{d}^2 x}{\mathrm{d}u^2} - \frac{\mathrm{d}x}{\mathrm{d}u}\right).$$

一般地，用归纳法可证，$t^k\dfrac{\mathrm{d}^k x}{\mathrm{d}t^k}$ 是 $\dfrac{\mathrm{d}x}{\mathrm{d}u}, \cdots, \dfrac{\mathrm{d}^k x}{\mathrm{d}u^k}$ 的线性组合，将这些式子代入到欧拉方程中即得一个形如方程 (3.9) 的常系数线性方程，故所得新方程有形如 $x = \mathrm{e}^{\lambda u}$ 的解，于是，欧拉方程就有形如 $x = t^\lambda$ 的解，将这一函数代入欧拉方程，就得到欧拉方程的特征方程. 如果这个特征方程有 k 重根 $\lambda = \lambda_0$, 那么欧拉方程就有下列 k 个线性无关解:

$$t^{\lambda_0},\ t^{\lambda_0}\ln|t|,\ \cdots,\ t^{\lambda_0}(\ln|t|)^{k-1}.$$

与定理 3.7 类似，可给出欧拉方程的基本解组，这里省略.

读者在看书时一定要读懂，每一步的推导要想清楚理由，必要时还要补充一些推导过程. 这是马虎不得的. 读书要循序渐进 (这是数学大师华罗庚先生的读书经验)，书读懂了，读起来才有兴趣，一时读不懂，再看一遍，边看边思考边推导，就慢慢懂了. 读书就是要坚持这个过程，并养成习惯，自学能力就会逐步提高，创新能力也会不断增强.

3.3.3 习题 3.3 及其答案或提示

(Ⅰ) **习题 3.3**

1. 求下列线性微分方程的通解:

(1) $x^{(4)}-5x''+4x=0$;

(2) $x'''-x=0$;

(3) $x^{(4)}+x=0$.

2. 求下列线性微分方程的通解:

(1) $x''+2x'+x=0$;

(2) $x'''-3ax''+3a^2x'-a^3x=0$;

(3) $x^{(5)}-4x'''=0$;

(4) $x^{(6)}-2x^{(4)}-x''+2x=0$.

3. 求下列各方程满足给定初值条件的解:

(1) $x''-3x'+2x=0,\ \ x(0)=2,\ \ x'(0)=-3$;

(2) $x''+4x'+4x=0,\ \ x(2)=4,\ \ x'(2)=0$.

4. 试讨论 λ 为何值时，$x''+\lambda x=0$ 存在满足下列条件的非零解:

(1) $x(0)=x(1)=0$;　　(2) $x'(0)=x'(1)=0$.

5. 试讨论当 p,q 取什么值时，方程 $x''+px'+qx=0$ 的一切解

(1) 当 $t\to+\infty$ 时，都趋于零;

(2) 在 $[a,+\infty)$ 上有界，其中 a 为某确定的常数.

(Ⅱ) **答案或提示**

1. (1) $x(t)=c_1\mathrm{e}^{2t}+c_2\mathrm{e}^{-2t}+c_3\mathrm{e}^{t}+c_4\mathrm{e}^{-t}$.

(2) $x(t)=c_1\mathrm{e}^{t}+\mathrm{e}^{-\frac{t}{2}}\left(c_2\cos\dfrac{\sqrt{3}}{2}t+c_3\sin\dfrac{\sqrt{3}}{2}t\right)$.

(3) $x(t)=\mathrm{e}^{\frac{t}{\sqrt{2}}}\left(c_1\cos\dfrac{t}{\sqrt{2}}+c_2\sin\dfrac{t}{\sqrt{2}}\right)+\mathrm{e}^{-\frac{t}{\sqrt{2}}}\left(c_3\cos\dfrac{t}{\sqrt{2}}+c_4\sin\dfrac{t}{\sqrt{2}}\right)$.

2. (1) $x(t)=\mathrm{e}^{-t}(c_1+c_2t)$.

(2) $x(t)=\mathrm{e}^{at}(c_1+c_2t+c_3t^2)$.

(3) $x(t)=c_1+c_2t+c_3t^2+c_4\mathrm{e}^{2t}+c_5\mathrm{e}^{-2t}$.

(4) $x(t)=c_1\mathrm{e}^{\sqrt{2}t}+c_2\mathrm{e}^{-\sqrt{2}t}+c_3\mathrm{e}^{t}+c_4\mathrm{e}^{-t}+c_5\sin t+c_6\cos t$.

3. (1) $x(t) = -5e^{2t} + 7e^{t}$.

(2) $x(t) = (-12 + 8t)e^{-2t+4}$.

4. (1) $\lambda = (n\pi)^2$. (2) $\lambda = (n\pi)^2$.

5. (1) $p > 0,\ q > 0$. (2) $p \geqslant 0,\ q \geqslant 0, p + q > 0$.

3.4 高阶常系数非齐次线性微分方程的通解

3.4.1 基本问题

1. 给定非齐次常系数线性微分方程

$$L[x] \equiv \frac{d^n x}{dt^n} + a_1 \frac{d^{n-1} x}{dt^{n-1}} + a_2 \frac{d^{n-2} x}{dt^{n-2}} + \cdots + a_{n-1} \frac{dx}{dt} + a_n x = f(t),$$

其中 $a_1, a_2, \cdots, a_n$ 为实常数，而 $f(t)$ 为下列形式的实函数：

(I) $f(t) = P_m(t)e^{\alpha t}$, 或

(II) $f(t) = e^{\alpha t}[P_m^{(1)}(t)\cos\beta t + P_m^{(2)}(t)\sin\beta t]$.

此处 $P_m(t)$, $P_m^{(1)}(t)$, $P_m^{(2)}(t)$ 是次数不超过 m 的多项式，α, β 为实常数. 试具体总结所述方程具有什么形式的特解，并理解和思考为什么有这样形式的特解.

2. 证明

$$L[t^k e^{\alpha t}] = e^{\alpha t} \sum_{j=0}^{k} C_k^j P^{(j)}(\alpha) t^{k-j}, \quad k = 0, 1, 2, \cdots, m,$$

其中 $P(\lambda) \equiv \lambda^n + a_1\lambda^{n-1} + \cdots + a_{n-1}\lambda + a_n$ 为微分方程 $L[x] = 0$ 的特征多项式.

3. 对上述类型 I 中的函数 $f(t) = P_m(t)e^{\alpha t}$, 证明非齐次线性方程 $L[x] = f(t)$ 必有形如 $\tilde{x}(t) = t^k Q_m(t)e^{\alpha t} = t^k(q_0 t^m + q_1 t^{m-1} + \cdots + q_{m-1}t + q_m)e^{\alpha t}$ 的特解，其中 k 是 α 作为特征多项式 $P(\lambda)$ 之根的重根 (α 不是根时取 $k = 0$).

4. 关于高阶非齐次线性微分方程的叠加原理是如何叙述和证明的?

5. 求 $x'' + ax = \cos(3t)$ 的一个特解，其中 $a > 0$ 为常数.

3.4.2 主要内容与注释

对一般的常系数非齐次线性方程

$$L[x] \equiv \frac{d^n x}{dt^n} + a_1 \frac{d^{n-1} x}{dt^{n-1}} + a_2 \frac{d^{n-2} x}{dt^{n-2}} + \cdots + a_{n-1} \frac{dx}{dt} + a_n x = f(t),$$

理论上讲，可以应用上一节的常数变易法来求解. 这是最一般的方法，毫无疑问，方法越一般，它也就越复杂. 本节主要针对两类特殊的非齐次项，用待定系数方法来求两类非齐次常系数线性微分方程的特解. 这个方法比上一章介绍的常数变易法

在应用中更为简单和实用. 本节的论证可以说是思路简单、推导不难懂，但也用到数学分析中的一些公式，只要细心看，必要时还要补充推算，总可以看懂. 虽有个别处叙述不当，但相信读者能够理解，也可以对课本按照自己的理解给予修改. 读书是需要质疑精神的，就是说，读书时不要完全相信作者 (的叙述和推理)，而要有自己的判断，要敢于提出自己认为更好的处理方式.

这里，我们给出几点具体评述.

对类型 I : $f(t)=P_m(t)\mathrm{e}^{\alpha t}$ 特解的形式分为两种情况给出，即 α 是 (相应齐次方程) 的特征根，与不是特征根. 其实，这两种情况可以合在一起：α 是 k 重特征根，允许 $k=0$. 论证过程中一个关键点，也是难点，是下述公式:

$$L[t^k\mathrm{e}^{\alpha t}]=\mathrm{e}^{\alpha t}\sum_{j=0}^{k}\mathrm{C}_k^j P^{(j)}(\alpha)t^{k-j}.$$

其实，这个公式就是前面给出的公式 (3.10).

本节的要点是确定一个特解的类型，需要搞清楚的是所述微分方程为什么具有这种特解类型. 具体推导过程不需要记忆，需要记住的是特解的类型，然后直接代入方程来确定待定系数就行了.

对类型 II: $f(t)=\mathrm{e}^{\alpha t}[P_m^{(1)}(t)\cos\beta t+P_m^{(2)}(t)\sin\beta t]$ 的特解的寻求，是化为类型 I 来做的，应该说没什么难度，只涉及加减乘除一些运算. 需要记住的也是特解的类型，如果类型不对，或漏了项，代入方程后就不能确定出来特解.

此外，我们还要会灵活应用叠加原理. 例如，当 $f(t)$ 既不是类型 I，也不是类型 II，但却是两者相加或两个不同的类型 I 相加等，这时候就需要应用叠加原理了.

3.4.3　习题 3.4 及其答案或提示

(I) **习题 3.4**

1. 求下列方程的通解:

(1) $x''+4x=8$;

(2) $x''-a^2x=t+1$;

(3) $x^{(4)}-2x''+x=t^2-3$;

(4) $x''+x'+x=3\mathrm{e}^{2t}$;

(5) $x''+6x'+13x=(t^2-5t+2)\mathrm{e}^t$;

(6) $x'''-x=\cos t$;

(7) $x''+x'-2x=8\sin 2t$;

(8) $x''-2x'+10x=t\cos 2t$;

(9) $x'' + 9x = 18\cos 3t - 30\sin 3t$;

(10) $x'' - 2x' + 3x = \mathrm{e}^{-t}\cos t$;

(11) $x'' - 4x' + 4x = \mathrm{e}^{t} + \mathrm{e}^{2t} + 1$;

(12) $x'' + 2x' + 5x = 4\mathrm{e}^{-t} + 17\sin 2t$.

2. 求下列初值问题的解:

(1) $x'' + 9x = 6\mathrm{e}^{3t}$, $x(0) = x'(0) = 0$;

(2) $x^{(4)} + x = 2\mathrm{e}^{t}$, $x(0) = x'(0) = x''(0) = x'''(0) = 1$.

(Ⅱ) **答案或提示**

1. (1) $x(t) = c_1\cos(2t) + c_2\sin(2t) + 2$.

(2) $x(t) = c_1\mathrm{e}^{at} + c_2\mathrm{e}^{-at} - \dfrac{1+t}{a^2}\ (a \neq 0)$; $x(t) = c_1 + c_2 t + \dfrac{t^2}{2} + \dfrac{t^3}{6}\ (a = 0)$.

(3) $x(t) = (c_1 + c_2 t)\mathrm{e}^{t} + (c_3 + c_4 t)\mathrm{e}^{-t} + 1 + t^2$.

(4) $x(t) = \mathrm{e}^{-\frac{t}{2}}\left(c_1\cos\left(\dfrac{\sqrt{3}t}{2}\right) + c_2\sin\left(\dfrac{\sqrt{3}t}{2}\right)\right) + 3\mathrm{e}^{2t}$.

(5) $x(t) = \mathrm{e}^{-3t}(c_1\cos(2t) + c_2\sin(2t)) + \mathrm{e}^{t}(4t^2 - 16t - 1)/32$.

(6) $x(t) = c_1\mathrm{e}^{t} + \mathrm{e}^{-t/2}\left(c_2\cos\left(\dfrac{\sqrt{3}t}{2}\right) + c_3\sin\left(\dfrac{\sqrt{3}t}{2}\right)\right) - \dfrac{\cos t + \sin t}{2}$.

(7) $x(t) = c_1\mathrm{e}^{t} + c_2\mathrm{e}^{-2t} - 2\dfrac{\cos(2t) + 3\sin(2t)}{5}$.

(8) $x(t) = \mathrm{e}^{t}(c_1\cos(2t) + c_2\sin(2t)) + \left(\dfrac{3t}{26} + \dfrac{39}{338}\right)\cos(2t) - \left(\dfrac{t}{13} + \dfrac{1}{169}\right)\sin(2t)$.

(9) $x(t) = c_1\cos(3t) + c_2\sin(3t) + 5t\cos(3t) + 3t\sin(3t)$.

(10) $x(t) = \mathrm{e}^{t}(c_1\cos(\sqrt{2}t) + c_2\sin(\sqrt{2}t)) + \dfrac{1}{41}\mathrm{e}^{-t}(5\cos t - 4\sin t)$.

(11) $x(t) = (c_1 + c_2 t)\mathrm{e}^{2t} + \mathrm{e}^{t} + \dfrac{t^2\mathrm{e}^{2t}}{2} + \dfrac{1}{4}$.

(12) $x(t) = \mathrm{e}^{-t}(c_1\cos(2t) + c_2\sin(2t)) + \mathrm{e}^{-t} - 4\cos(2t) + \sin(2t)$.

2. (1) $x(t) = \dfrac{1}{3}(-\cos(3t) - \sin(3t) + \mathrm{e}^{3t})$.

(2) 提示：通解 $x(t) = \mathrm{e}^{\frac{t}{\sqrt{2}}}\left(c_1\cos\dfrac{t}{\sqrt{2}} + c_2\sin\dfrac{t}{\sqrt{2}}\right) + \mathrm{e}^{-\frac{t}{\sqrt{2}}}\left(c_3\cos\dfrac{t}{\sqrt{2}} + c_4\sin\dfrac{t}{\sqrt{2}}\right) + \mathrm{e}^{t}$.

3.5 第 3 章典例选讲与习题演练

3.5.1 典例选讲

例 1 设函数 $u(t)$ 与 $v(t)$ 是二阶方程 $p(t)u''+p'(t)u'+q(t)u=0$ 的两个解，其中 $p'(t)$ 与 $q(t)$ 是 $[a,b]$ 上的连续函数，且 $p(t)\neq 0$，则 $p(t)[u(t)v'(t)-u'(t)v(t)]$ 恒等于常数.

证明 我们利用刘维尔公式. 令 $W(t)$ 表示解 $u(t)$ 与 $v(t)$ 的朗斯基行列式，则由刘维尔公式知

$$W(t)=W(a)\mathrm{e}^{-\int_a^t\frac{p'(t)}{p(t)}\mathrm{d}t}=W(a)\frac{p(a)}{p(t)}.$$

由此即得结论.

如果不利用刘维尔公式，则可以像证明刘维尔公式那样，求出 $W(t)$ 满足的一阶方程，然后与上面类似可得.

另外，也可以直接求函数 $p(t)[u(t)v'(t)-u'(t)v(t)]$ 的导数，并利用函数 $u(t)$ 与 $v(t)$ 满足方程，证明这个导数等于零.

例 2 给定方程 $x''-p^2(t)x=0$, 其中 $p(t)$ 是在 $(-\infty,+\infty)$ 有定义的连续奇函数或偶函数，则该方程满足初值条件 $x(0)=1$, $x'(0)=0$ 的解是一个恒正的偶函数.

证明 用 $\varphi(t)$ 表示满足初值条件 $x(0)=1$, $x'(0)=0$ 的解，令 $\psi(t)=\varphi(-t)$, 则有

$$\varphi''(t)-p^2(t)\varphi(t)=0,\quad \psi''(t)-p^2(-t)\psi(t)=0,$$

由假设知 $p^2(-t)=p^2(t)$, 故函数 φ 与 ψ 具有相同初值条件且满足同一个线性方程，于是由解的存在唯一性知，必有 $\psi(t)=\varphi(t)$，因此函数 $\varphi(t)$ 是偶函数.

下面证明解 φ 是恒正的，若不然，则注意到 $\varphi(0)=1$, 就存在 $t_0>0$, 使得当 $t\in[0,t_0)$ 时 $\varphi(t)>0$, $\varphi(t_0)=0$. 由 $\varphi'(0)=0$ 知

$$\varphi'(t)=\int_0^t p^2(t)\varphi(t)\mathrm{d}t>0,\quad t\in(0,t_0].$$

因此，函数 φ 在区间 $(0,t_0]$ 上严格增加，应有 $\varphi(t_0)>\varphi(0)=1$. 矛盾.

例 3 设连续函数 $f(t)$ 满足

$$f(t)=\mathrm{e}^t-\int_0^t(t-s)f(s)\mathrm{d}s,$$

求 $f(t)$.

解 对 f 所满足的积分方程两边求导，可得

$$f'(t) = \mathrm{e}^t - [tf(t) + \int_0^t f(s)\mathrm{d}s] + tf(t) = \mathrm{e}^t - \int_0^t f(s)\mathrm{d}s.$$

对上式再求导，进一步得

$$f''(t) = \mathrm{e}^t - f(t),$$

解这一方程，可得通解 (可利用常数变易法)

$$f(t) = C_1 \cos t + C_2 \sin t + \frac{\mathrm{e}^t}{2},$$

从 f 满足的两个积分方程可知 $f(0) = 1$, $f'(0) = 1$, 于是可得

$$f(t) = \frac{\cos t + \sin t + \mathrm{e}^t}{2}.$$

例 4 求解微分方程 $t^2x'' - tx' + 2x = t\ln t$.

解 这是一个欧拉方程. 做变换 $t = \mathrm{e}^s$, 则 $s = \ln t$. 由于

$$\frac{\mathrm{d}x}{\mathrm{d}t} = t^{-1}\frac{\mathrm{d}x}{\mathrm{d}s}, \quad \frac{\mathrm{d}^2x}{\mathrm{d}t^2} = t^{-2}\left(\frac{\mathrm{d}^2x}{\mathrm{d}s^2} - \frac{\mathrm{d}x}{\mathrm{d}s}\right),$$

代入原方程可得

$$\frac{\mathrm{d}^2x}{\mathrm{d}s^2} - 2\frac{\mathrm{d}x}{\mathrm{d}s} + 2 = s\mathrm{e}^s,$$

对上述新方程来说，可求得特征根是 $1\pm\mathrm{i}$, 以及相应的齐次方程的通解是 $\mathrm{e}^s(C_1 \cos s + C_2 \sin s)$. 新方程的特解形如 $\bar{x}(s) = (As + B)\mathrm{e}^s$, 将其代入新方程可求得 $A = 1$, $B = 0$, 于是新方程的通解为

$$x(s) = \mathrm{e}^s(C_1 \cos s + C_2 \sin s) + s\mathrm{e}^s,$$

还原成原变量，就得原方程之解为

$$x(t) = t(C_1 \cos \ln t + C_2 \sin \ln t) + t\ln t.$$

例 5 考虑方程

$$x'' + 8x' + 7x = f(t),$$

其中 $f(t)$ 在 $0 \leqslant t < +\infty$ 上连续，试证明:

(1) 如果 $f(t)$ 在 $0 \leqslant t < +\infty$ 上有界，则上述方程的所有解都在 $0 \leqslant t < +\infty$ 上有界;

(2) 如果当 $t \to +\infty$ 时 $f(t) \to 0$，则上述方程的所有解当 $t \to +\infty$ 时都趋于零.

证明 特征方程是 $\lambda^2+8\lambda+7=0$, 于是特征值是 $\lambda_1=-7$, $\lambda_2=-1$. 齐次方程有基本解组 e^{-t}, e^{-7t}.

采用常数变易法，设非齐次方程有解 $\bar{x}=C_1(t)\mathrm{e}^{-t}+C_2(t)\mathrm{e}^{-7t}$，则 C_1' 与 C_2' 满足

$$C_1'(t)\mathrm{e}^{-t}+C_2'(t)\mathrm{e}^{-7t}=0,\quad -C_1'(t)\mathrm{e}^{-t}-7C_2'(t)\mathrm{e}^{-7t}=f(t),$$

利用克拉默法则可解得

$$C_1'(t)=\frac{1}{6}f(t)\mathrm{e}^{t},\quad C_2'(t)=-\frac{1}{6}f(t)\mathrm{e}^{7t},$$

于是

$$C_1(t)=\frac{1}{6}\int_0^t f(s)\mathrm{e}^{s}\mathrm{d}s,\quad C_2(t)=-\frac{1}{6}\int_0^t f(s)\mathrm{e}^{7s}\mathrm{d}s.$$

从而原方程的通解为

$$x(t)=C_1\mathrm{e}^{-t}+C_2\mathrm{e}^{-7t}+\frac{\mathrm{e}^{-t}}{6}\int_0^t f(s)\mathrm{e}^{s}\mathrm{d}s-\frac{\mathrm{e}^{-7t}}{6}\int_0^t f(s)\mathrm{e}^{7s}\mathrm{d}s.$$

首先证结论 (1). 设对 $t\geqslant 0$, $|f(t)|\leqslant M$, 则由上式知, 对 $t\geqslant 0$

$$|x(t)|\leqslant |C_1|+|C_2|+M\left(\frac{\mathrm{e}^{-t}}{6}\int_0^t \mathrm{e}^{s}\mathrm{d}s+\frac{\mathrm{e}^{-7t}}{6}\int_0^t \mathrm{e}^{7s}\mathrm{d}s\right),$$

即

$$|x(t)|\leqslant |C_1|+|C_2|+M\left(\frac{1}{6}(1-\mathrm{e}^{-t})+\frac{1}{42}(1-\mathrm{e}^{-7t})\right),$$

这表明 $x(t)$ 有界.

再证结论 (2). 由条件知 $\lim\limits_{t\to+\infty}|f(t)|=0$, 只需证当 $t\to+\infty$ 时

$$\mathrm{e}^{-t}\int_0^t \mathrm{e}^{s}|f(s)|\mathrm{d}s\to 0,\quad \mathrm{e}^{-7t}\int_0^t \mathrm{e}^{7s}|f(s)|\mathrm{d}s\to 0.$$

今以第一式为例证之. 若 $\displaystyle\int_0^t \mathrm{e}^{s}|f(s)|\mathrm{d}s$ 有界，则结论显然成立. 若 $\displaystyle\int_0^t \mathrm{e}^{s}|f(s)|\mathrm{d}s$ 无界，则它趋于无穷，故由求极限的洛必达法则知

$$\lim\frac{\displaystyle\int_0^t \mathrm{e}^{s}|f(s)|\mathrm{d}s}{\mathrm{e}^{t}}=\lim\frac{\mathrm{e}^{t}|f(t)|}{\mathrm{e}^{t}}=0.$$

即为所证.

3.5.2　习题演练及其答案或提示

（Ⅰ）**习题演练**

1. 设函数 $t, \mathrm{e}^t, \mathrm{e}^{2t}$ 是二阶方程 $x''+p(t)x'+q(t)x=f(t)$ 的三个解，

(1) 试求该方程满足初值条件 $x(0)=1, x'(0)=2$ 的解.

(2) 确定函数 $p(t), q(t), f(t)$.

2. 考虑方程 $x''+px'+q=f(t)$, 其中 p, q 为实常数，而 $f(t)$ 是 $[0,+\infty)$ 上的连续函数，试证

(1) 若特征值是两个互异的实数 λ_1 与 λ_2，则上述方程有特解

$$\bar{x}(t)=\frac{1}{\lambda_1-\lambda_2}\int_0^t f(s)[\mathrm{e}^{\lambda_1(t-s)}-\mathrm{e}^{\lambda_2(t-s)}]\mathrm{d}s.$$

(2) 若特征值是一个二重根 λ，则上述方程有特解

$$\bar{x}(t)=\int_0^t (t-s)f(s)\mathrm{e}^{\lambda(t-s)}\mathrm{d}s.$$

(3) 若特征值是一对共轭复根 $\alpha\pm\mathrm{i}\beta$，则上述方程有特解

$$\bar{x}(t)=\frac{1}{\beta}\int_0^t f(s)\mathrm{e}^{\alpha(t-s)}\sin[\beta(t-s)]\mathrm{d}s.$$

3. 设一四阶实常系数齐次线性微分方程满足下列条件之一，求该方程的通解：

(1) $x(t)=t^3\mathrm{e}^t$ 是解；

(2) $x(t)=t\sin(2t)$ 是解；

(3) 只有三个特征值 $0, \pm\mathrm{i}$.

4. 证明 n 阶线性非齐次方程 (函数 $f(t)$ 不是零函数)

$$\frac{\mathrm{d}^n x}{\mathrm{d}t^n}+a_1(t)\frac{\mathrm{d}^{n-1}x}{\mathrm{d}t^{n-1}}+\cdots+a_{n-1}(t)\frac{\mathrm{d}x}{\mathrm{d}t}+a_n(t)x=f(t)$$

有且最多有 $n+1$ 个线性无关解.

5. 设二阶常系数线性方程初值问题

$$x''+ax'+bx=0,\quad x(0)=0,\quad x'(0)=1$$

有解 $x=\varphi(t)$, 试证非齐次方程 $x''+ax'+bx=f(t)$ 有特解

$$x=\int_0^t \varphi(t-s)f(s)\mathrm{d}s,$$

其中 $f(t)$ 是连续函数.

6. 考虑方程

$$x'' + 2px' + p^2x = f(t),$$

其中 $p > 0$ 为常数，而 $f(t)$ 在 $0 \leqslant t < +\infty$ 上连续，试证明：

(1) 如果 $tf(t)$ 在 $0 \leqslant t < +\infty$ 上有界，则上述方程的所有解都在 $0 \leqslant t < +\infty$ 上有界；

(2) 如果当 $t \to +\infty$ 时 $tf(t) \to 0$，则上述方程的所有解当 $t \to +\infty$ 时都趋于零.

7. 考虑二阶线性方程 $x'' + a(t)x' + b(t)x = 0$, 其中 $a(t)$ 与 $b(t)$ 为连续函数，$t \in (-\infty, +\infty)$. 如果它有两个解 $x_1(t)$ 与 $x_2(t)$ 满足：$x_1(0) = x_2(0) = 0$, $x_1(t) \neq 0$, 则存在常数 k 使 $x_2(t) = kx_1(t)$.

8. 设函数 $f(x)$ 定义于 $[-1, 1]$ 且连续，则方程

$$x'' + 8x' + 7x = f(\sin t)$$

的任一解都在 $[0, +\infty)$ 上有界.

9. 求解方程

(1) $x'' + x = \sin t$;

(2) $x'' + x = -\cos(2t)$;

(3) $x'' + x = \sin t - \cos(2t)$;

(4) $x'' - 2x' + 2x = te^t \cos t$.

(Ⅱ) **答案或提示**

1. (1) $x = e^{2t}$.

2. 提示：直接验证或用常数变易法.

7. 提示：利用朗斯基行列式.

8. 提示：先求出特解 $\dfrac{1}{6}e^{-t}\displaystyle\int_0^t e^s f(\sin s)ds - \dfrac{1}{6}e^{-7t}\displaystyle\int_0^t e^{7s} f(\sin s)ds$.

9. (1) 特解 $-\dfrac{1}{2}t\cos t$;

(2) 特解 $\dfrac{1}{3}\cos 2t$;

(4) 特解 $\dfrac{1}{4}te^t(\cos t + t\sin t)$.

3.6 第 3 章总结与思考

本章内容主要有四节，在前面每一节里都对要点与难点做了阐述，因此这里不再进一步做总结了. 我们将对涉及二阶常系数线性方程的解的渐近性质的习题与

例题等做一个梳理与思考. 首先，我们注意到，所用教材中 3.2 节的习题 7 与前面 3.5 节的例 5 是属于同一题型，即它们都是下面命题的直接推论.

命题 A 考虑方程 $x''+px'+q=f(t)$, 其中 p, q 为实常数, 而 $f(t)$ 是 $[0,+\infty)$ 上的连续函数. 假设特征值是两个互异的负实数, 那么

(1) 如果 $f(t)$ 在 $0\leqslant t<+\infty$ 上有界, 则所述方程的所有解都在 $0\leqslant t<+\infty$ 上有界;

(2) 如果当 $t\to+\infty$ 时 $f(t)\to 0$, 则所述方程的所有解当 $t\to+\infty$ 时都趋于零.

先利用上面习题演练中的第 2 题的 (1)，然后与上面典例选讲中例 5 的证明完全类似可以证明这一命题. 仍利用习题演练中的第 2 题的 (1)，可证下面的命题.

命题 B 考虑方程 $x''+px'+q=f(t)$, 其中 p, q 为实常数, 而 $f(t)$ 是 $[0,+\infty)$ 上的连续函数. 假设两个特征值一个是零, 一个是负实数, 那么

(1) 如果 $f(t)$ 与 $\int_0^t f(s)\mathrm{d}s$ 均在 $0\leqslant t<+\infty$ 上有界, 则所述方程的所有解都在 $0\leqslant t<+\infty$ 上有界;

(2) 如果当 $t\to+\infty$ 时 $f(t)$ 与 $\int_0^t f(s)\mathrm{d}s$ 均有有限极限, 则所述方程的所有解当 $t\to+\infty$ 时都有有限极限.

利用习题演练中的第 2 题的 (2)，则可证

命题 C 考虑方程 $x''+px'+q=f(t)$, 其中 p, q 为实常数, 而 $f(t)$ 是 $[0,+\infty)$ 上的连续函数. 假设特征值是一个二重的, 且是负实数, 那么

(1) 如果 $tf(t)$ 在 $0\leqslant t<+\infty$ 上有界, 则上述方程的所有解都在 $0\leqslant t<+\infty$ 上有界;

(2) 如果当 $t\to+\infty$ 时 $tf(t)\to 0$, 则上述方程的所有解当 $t\to+\infty$ 时都趋于零.

上述命题就是本章习题演练的第 6 题. 其实命题 C 的条件可以减弱到与命题 A 一样.

现在考虑最后一种情况. 利用本章习题演练的第 2 题 (3)，与命题 A 完全类似可证

命题 D 考虑方程 $x''+px'+q=f(t)$, 其中 p, q 为实常数, 而 $f(t)$ 是 $[0,+\infty)$ 上的连续函数. 假设特征值是一对共轭复根 $\alpha\pm\mathrm{i}\beta$, 且 $\alpha<0$, 那么

(1) 如果 $f(t)$ 在 $0\leqslant t<+\infty$ 上有界, 则所述方程的所有解都在 $0\leqslant t<+\infty$ 上有界;

(2) 如果当 $t\to+\infty$ 时 $f(t)\to 0$, 则所述方程的所有解当 $t\to+\infty$ 时都趋于零.

第 4 章　非线性微分方程基本理论

4.1　存在与唯一性定理

4.1.1　基本问题

1. 考察定理 4.2(皮卡存在唯一性定理) 的证明，并思考：为什么要求 $h \leqslant a$，以及 $h \leqslant b/M$?

2. 定理 4.2 之证明的第 5 步出现下述估计：

$$|\varphi_n(x) - \psi(x)| \leqslant \frac{ML^n}{(n+1)!}|x - x_0|^{n+1} \leqslant \frac{ML^n h^{n+1}}{(n+1)!}.$$

试证之.

3. 求初值问题

$$\frac{\mathrm{d}y}{\mathrm{d}x} = y^{\frac{2}{3}}, \quad y(0) = 1$$

的第 3 次近似解并估计误差.

4. 考察初值问题

$$\frac{\mathrm{d}y}{\mathrm{d}x} = y^{\frac{2}{3}}, \quad y(0) = 0,$$

试给出其所有可能的解.

5*. 查阅有关文献，并回答：如果只要求定理 4.1(一般区域上解的存在唯一性定理) 的条件 (1) 成立，那么会有什么样的结论，是如何证明的？

4.1.2　主要内容与注释

本节详细讨论初值问题

$$\begin{cases} \dfrac{\mathrm{d}y}{\mathrm{d}x} = f(x, y), \\ y(x_0) = y_0 \end{cases} \tag{4.1}$$

解的存在唯一性，其中 $f : G \subset \mathbf{R}^2 \to \mathbf{R}$ 为定义于平面区域 G 上的二元函数，(x_0,y_0) 为 G 的任一内点. 主要结果是下面的定理 4.1 与定理 4.2.

定理 4.1　设 $f(x, y)$ 满足下列两个条件:

(1) 函数 f 在区域 G 中连续;

(2) 偏导数 f_y 在 G 中存在且连续,

则对 G 中任一内点 (x_0, y_0), 必存在 $h>0$, 使初值问题 (4.1) 存在唯一的定义于区间 $[x_0-h, x_0+h]$ 的解 $y=\varphi(x)$, 且当 $|x-x_0|\leqslant h$ 时点 $(x,\varphi(x))$ 位于 G 内.

定理 4.2 设函数 $f(x,y)$ 定义于某矩形域 R: $|x-x_0|\leqslant a$, $|y-y_0|\leqslant b$ 上, 且满足下列两个条件:

(1) 函数 f 在 R 中连续;

(2) 函数 f 在 R 中关于 y 满足利普希茨 (Lipschitz) 条件, 即存在常数 $L>0$ 使成立

$$|f(x,y_1)-f(x,y_2)|\leqslant L|y_1-y_2|,\quad \forall (x,y_1),(x,y_2)\in R$$

则初值问题 (4.1) 存在唯一的定义于区间 $[x_0-h, x_0+h]$ 的解, 其中

$$h=\min\left\{a,\frac{b}{M}\right\},\quad M=\max\{|f(x,y)|:(x,y)\in R\}.$$

关于定理 4.1 与定理 4.2 及其关系，我们做几点说明. 注意到定理 4.1 中的区域 G 是一般的，定理 4.2 中的矩形域是很特殊的，因此定理 4.1 是常用的形式，而定理 4.2 主要是用于证明定理 4.1. 定理 4.1 的条件 (2) 可以减弱为 "函数 f 在 G 中关于 y 满足局部利普希茨条件"，即函数 f 在 G 内的任一点的某一矩形区域上关于 y 满足利普希茨条件. 这里 "G 内的任一点" 指的是 G 的内点，而不是 G 的边界点. 定理 4.2 又称为皮卡存在唯一性定理. 这一定理的证明与第 2 章的定理 2.2 完全类似. 这里又详细地给出，其目的，一是使读者再一次体验皮卡逼近法，二是具体的证明细节有所不同，例如，这里所得到的解的定义区间是个小区间，定理 4.2 证明中要求 $h\leqslant b/M$, $h\leqslant a$, 其原因一定要搞清楚.

所用文献 [1] 中例 4.1 是求初值问题

$$\frac{\mathrm{d}y}{\mathrm{d}x}=y^{\frac{2}{3}},\quad y(0)=1$$

的第 3 次近似解并估计误差. 原解法中对函数 φ_3 的求解有误. 此处予以更正. 事实上，由于

$$\varphi_2(x)=1+\int_0^x(1+u)^{\frac{2}{3}}\mathrm{d}u=\frac{2}{5}+\frac{3}{5}(1+x)^{\frac{5}{3}}=1+x+\frac{x^2}{3}-\frac{x^3}{27}+\cdots,$$

应有

$$\varphi_3(x)=1+\int_0^x[\varphi_2(u)]^{\frac{2}{3}}\mathrm{d}u=1+x+\frac{x^2}{3}+\frac{x^3}{27}-\frac{x^4}{81}+\cdots.$$

关于解的存在唯一性定理，不管是定理 4.1 还是定理 4.2，都有两个条件. 现在我们考虑这样的问题：如果只要求其条件 (1) 成立，那么会有什么样的结论？结论是所述初值问题至少有一个解. 这个结论称为佩亚诺定理. 但此时，解的唯一性结论确实不再成立.

本节定理 4.1 与定理 4.2 及其证明中出现的主要概念有三个，即利普希茨条件、局部利普希茨条件、第 n 次近似解.

相关的问题就是所述初值问题的最大解与最小解的存在唯一性，其详细论证已超出本课程范围，读者可查阅文献 [2]~[4].

4.1.3 习题 4.1 及其答案或提示

(Ⅰ) **习题 4.1**

1. 用皮卡逼近法求下列初值问题的第 3 次近似解:

(1) $\dfrac{\mathrm{d}y}{\mathrm{d}x}=2y+x,\quad y(0)=0;$

(2) $\dfrac{\mathrm{d}y}{\mathrm{d}x}=x^2+y^2,\quad y(0)=0.$

2. 试讨论初值问题

$$\frac{\mathrm{d}y}{\mathrm{d}x}=f(x,y),\quad y(0)=0$$

解的存在唯一性, 其中

$$f(x,y)=\begin{cases}0, & y=0,\\ y\ln|y|, & y\neq 0.\end{cases}$$

3. 讨论初值问题

$$\frac{\mathrm{d}y}{\mathrm{d}x}=x^{\frac{1}{2}}y^{\frac{1}{3}},\quad y(1)=y_0.$$

4. 用皮卡逼近法证明: 如果连续函数 $f:\mathbf{R}\to\mathbf{R}$ 满足

$$|f(x_1)-f(x_2)|\leqslant\lambda|x_1-x_2|,\quad 0<\lambda<1$$

(其中 λ 为常数), 则 f 有唯一的不动点, 即存在唯一的 $x^*\in\mathbf{R}$ 使 $f(x^*)=x^*$.

(Ⅱ) **答案或提示**

1. (1) $\varphi_3=\dfrac{x^2}{2}+\dfrac{x^3}{3}+\dfrac{x^4}{6}.$

(2) $\varphi_3=\dfrac{x^3}{3}+\dfrac{x^7}{63}+\dfrac{2x^{11}}{2079}+\dfrac{x^{15}}{59535}.$

2. 提示: 直接求积.

3. 提示: 分情况讨论.

4.2 解的延拓

4.2.1 基本问题

1. 饱和解是如何定义的? 试比较多本常微分方程教材中对这一概念的定义, 找出异同. 线性方程

$$\frac{\mathrm{d}y}{\mathrm{d}x}=\frac{1}{\sqrt{x}}y,\quad x>0$$

有解 $y=\mathrm{e}^{2\sqrt{x}}\equiv\varphi(x)$, $x>0$. 这个函数可以自然地延拓到 $x=0$, 而得到函数 $y=\mathrm{e}^{2\sqrt{x}}\equiv\psi(x)$, $x\geqslant 0$. 请思考: 函数 $y=\psi(x)$ 是 $y=\varphi(x)$ 的延拓解吗?

2. 延拓定理 (即定理 4.3) 是如何证明的? 该证明可分为几个部分?

3. 其他教材中又是如何叙述和证明延拓定理的? 其他书中给出的证明与本处证明有何区别? 你能发现什么问题吗?

4*. 习题 4.2 中题 5 需要用到比较定理. 试查阅有关教材, 完整写出有关比较定理的内容和证明.

5*. 思考命题 4.1 的结论和证明, 并与其他一些书的相关结论做比较. 进一步探讨下列两个问题:

(1) 对命题 4.1 中的区域, 尽可能查阅一些教材, 列出保证全部解或部分解饱和区间为 (a,b) 的各种条件. 然后, 总结归纳所用方法, 试对现有结果进行分类拓展.

(2) 进行创新思维, 思考、推导出其结论不成立的条件.

4.2.2 主要内容与注释

我们已经强调, 定理 4.1 与定理 4.2 中给出的初值问题的解的定义区间可能很小, 这个结论使得我们不可能认识到解的全貌. 本节就来解决这个问题, 就是解的延拓问题. 本节涉及的主要概念是解的延拓、饱和解、饱和区间, 这些概念是很基本的, 是容易搞清楚的. 问题是, 同一个概念可能在不同的书中有不同的表述与内含, 这倒是需要思考的. 例如, 我们所用的文献 [1] 所给出的饱和解之定义是一个新定义, 不同于其他任何教材. 此处饱和解的定义本身蕴含着这样一个结论: 如果饱和解存在, 就一定是唯一的. 有些书是这样来定义饱和解的: 当一个解不存在延拓时就称其为饱和解. 可证后一定义更为一般, 也更为合理, 因为存在这样的方程, 它有解可以延拓成多个甚至无穷个饱和解. 另一方面可证, 在定理 4.1 的条件之下, 这两个定义是等价的.

此外, 对饱和解 $\widetilde{\varphi}(x), x \in \widetilde{I}$ 应该有这样的要求: 当 x 为 $\widetilde{I}$ 的内点时, $(x, \widetilde{\varphi}(x))$ 为区域 G 的内点.

本节的主要结果就是下面的解的延拓定理.

定理 4.3 设函数 $f(x,y)$ 满足定理 4.1 的条件, 则对 G 的任一内点 (x_0, y_0), 初值问题 (4.1) 必存在唯一的饱和解 $y = \widetilde{\varphi}(x), x \in \widetilde{I}$. 此外, 当 x 趋于饱和区间 $\widetilde{I}$ 的端点时点 $(x, \widetilde{\varphi}(x))$ 可任意接近 G 的边界. 换言之, 对位于 G 内的任何紧集 V, 当 x 趋于 $\widetilde{I}$ 的端点时必有 $(x, \widetilde{\varphi}(x)) \notin V$.

上述延拓定理的证明是本节的难点，也是本章和本书的难点，它可分为三个部分，即饱和解的存在性、饱和解的唯一性、饱和解的性质. 饱和解的存在性与唯一性是通过构造来证明的. 教材中给出的证明可分为下列三个步骤.

第 1 步，过区域 G 内一点 (x_0, y_0) 的解是存在的，而且由皮卡定理的证明知这个解有很多延拓.

第 2 步, 引出集合 E_-(所有延拓的定义区间的左端点之集合) 与 E_+(所有在有限区间上定义的延拓的定义区间的右端点之集合), 以及 E_- 的下确界 α 与 E_+ 的上确界 β，根据确界原理这两个量是存在的. 进一步引出定义于 (α, β) 上的解 $\tilde{\varphi}$, 讨论该解在端点处的定义问题, 并引出饱和区间 $\widetilde{I}$ 和饱和解 $\widetilde{\varphi}(x)$. 根据定理条件和饱和解的构造过程，这个饱和解是唯一存在的，并且成立

$$\widetilde{I} = \begin{cases} [\alpha, \beta], & \alpha \in E_-,\ \beta \in E_+, \\ (\alpha, \beta], & \alpha \notin E_-,\ \beta \in E_+, \\ [\alpha, \beta), & \alpha \in E_-,\ \beta \notin E_+, \\ (\alpha, \beta), & \alpha \notin E_-,\ \beta \notin E_+. \end{cases}$$

对任一 $\bar{x} \in \widetilde{I}$, 若 $\bar{x} = \alpha$(或 β), 则存在 φ 的延拓 ψ, 定义于区间 J, 使得 $\alpha \in J$(或 $\beta \in J$), 此时我们定义 $\widetilde{\varphi}(\bar{x}) = \psi(\alpha)$(或 $\widetilde{\varphi}(\bar{x}) = \psi(\beta)$). 若 $\bar{x} \neq \alpha, \beta$, 则 $\bar{x}$ 是 $\widetilde{I}$ 的内点，于是，必存在 $\alpha' \in E_- \bigcap (\alpha, \bar{x})$, $\beta' \in E_+ \bigcap (\bar{x}, \beta)$, 以及定义在以 α', β' 为端点的区间 J 上的解 ψ, 满足 $\psi|_I = \varphi, I \subset J \subset \widetilde{I}, \bar{x} \in J$. 此时，定义 $\widetilde{\varphi}(\bar{x}) = \psi(\bar{x})$, 以及 $\widetilde{\varphi}|_J = \psi$. 由解的存在唯一性定理, 易见 φ 的任何两个延拓，在他们定义域的交集上是相等的，因此，函数 $\widetilde{\varphi}$ 在区间 $\widetilde{I}$ 中各点都有定义, 并且是 φ 的延拓.

第 3 步，研究饱和解的性质，即它能够任意逼近区域 G 的边界. 根据饱和区间的构造，不难看出，有两种逼近方式，即如果饱和解的饱和区间在某一端点是闭的，这意味着饱和解在这个端点处能够达到 G 的边界，如果饱和区间在某一端点是开的，就表明饱和解在这个端点任意逼近 G 的边界，但永远不能达到 G 的边界. 此外，后一种 (逼近而达不到边界) 又有不同的方式，即直接逼近 (指单侧极限存在) 与振荡逼近 (单侧极限不存在). 读者可以从我们所用书中的例子来认识到这一点.

对于上述第 2 步，我们给出另一证法. 同前，设 $y=\varphi(x), x\in I$ 为初值问题

$$\begin{cases} \dfrac{\mathrm{d}y}{\mathrm{d}x}=f(x,y),\\ y(x_0)=y_0 \end{cases}$$

一个给定非饱和解，其延拓 ψ 的定义区间记为 I_ψ，令

$$\widetilde{I}=\bigcup\{I_\psi|\psi\text{为}\varphi\text{的延拓}\}.$$

可证这样定义的集合 $\widetilde{I}$ 是一个区间. 为此，只需证明，任取 $x_1,x_2\in\widetilde{I}$, $x_1<x_2$, 就必有 $[x_1,x_2]\subset\widetilde{I}$. 事实上，由 $\widetilde{I}$ 的定义，存在 φ 的延拓 ψ_1 与 ψ_2, 使 $x_j\in I_{\psi_j}$, $j=1,2$. 注意到 I_{ψ_1} 与 I_{ψ_2} 都是包含区间 I 的区间，从而 $I_{\psi_1}\bigcup I_{\psi_2}$ 是包含 I 的区间，且 $[x_1,x_2]\subset I_{\psi_1}\bigcup I_{\psi_2}$. 利用解的存在唯一性定理，可构造解 φ 的定义于区间 $I_\psi=I_{\psi_1}\bigcup I_{\psi_2}$ 上的延拓 ψ 如下:

$$\psi(x)=\begin{cases}\psi_1(x), & x\in I_{\psi_1},\\ \psi_2(x), & x\in I_{\psi_2}.\end{cases}$$

这样就有 $I_\psi\subset\widetilde{I}$, 于是 $[x_1,x_2]\subset\widetilde{I}$. 故得证 $\widetilde{I}$ 是一个区间. 接下来，我们可以按下面方式定义以这个区间为饱和区间的饱和解 $\widetilde{\varphi}$: 对任意 $x\in\widetilde{I}$, 必有 φ 的延拓 ψ, 使得 $x\in I_\psi$, 于是令 $\widetilde{\varphi}(x)=\psi(x)$. 利用解的存在唯一性定理，易见这样定义的函数 $\widetilde{\varphi}$ 是 φ 的延拓，而且不能再延拓.

有不少教材在证明延拓定理时都忽视了对饱和解存在性的证明，甚至对区域的概念也没有明确 (不少书都把 G 视为开区域了). 延拓定理的更准确的叙述和更多的证明，以及对该定理及相关概念更多的诠释请读者参考教学研究论文《关于解的延拓定理之注解》(文献 [5]).

在定理 4.3 中，如果区域 G 具有较特殊的形式，则其结论可以细化. 这里给出几种情况. 首先，如果 G 是开区域，则直接利用定理 4.3 可知，任一饱和解的饱和区间必是开区间. 其次，如果 G 是全平面，而饱和解 $y=\widetilde{\varphi}$ 的饱和区间为 $\widetilde{I}=(c,d)$, 则当 x 趋于端点 c 或 d 时必有 $|x|+|\widetilde{\varphi}(x)|\to+\infty$. 又如果 $G=\{(x,y)\mid a<x<b, |y|<\infty\}$，其中 b 为常数，则饱和区间 $\widetilde{I}=(c,d)$ 必满足 $d\leqslant b$, 且当 $x\to d$ 时有 $|\widetilde{\varphi}(x)|\to+\infty$. 若有 $G=\{(x,y)\mid a<x\leqslant b, |y|<\infty\}$, 则饱和区间 $\widetilde{I}=(c,d)$ 也满足 $d\leqslant b$, 且当 $d<b, x\to d$ 时有 $|\widetilde{\varphi}(x)|\to+\infty$.

一般来说，饱和区间是很难求出的, 但对一些特殊的函数 f, 我们可以确定饱和区间. 即有下述命题.

命题 4.1 设 $G=\{(x,y)\mid a<x<b, |y|<\infty\}$, 又设 f 在 G 上满足定理 4.1 的条件. 如果存在 (a,b) 上的非负连续函数 $g(x)$ 及 $[0,+\infty)$ 上的正连续函数 $h(r)$ 使

$$\int_1^{+\infty}\frac{\mathrm{d}r}{h(r)}=\infty,$$

且对一切 $(x,y)\in G|f(x,y)|\leqslant g(x)h(|y|)$ 成立, 则对任意的 $(x_0,y_0)\in G$, 初值问题 (4.1) 的饱和解的饱和区间为 (a,b).

上述命题的证明值得认真理解和体会，其结论包含了许多教材里的相关结果，特别当 $g(x)=1$ 时就是熟知的温特纳 (Wintner) 的结果.

我们最后指出，定理 4.1—定理 4.3 以及命题 4.1 的结论对高维微分方程仍类似成立.

4.2.3 习题 4.2 及其答案或提示

(Ⅰ) **习题 4.2**

1. 考虑初值问题

$$\frac{\mathrm{d}y}{\mathrm{d}x}=y^2,\quad y(0)=1,$$

其中假设 $-2\leqslant x\leqslant 2$, $|y|<\infty$, 试求饱和解的饱和区间. 如设 $-2<x<2, -2<y<2$, 试求饱和解的饱和区间.

2. 设 f 与 f_y 在平面上任一点存在且连续, 又设 $f(x,\pm 1)\equiv 0$. 试证明对任意点 (x_0,y_0), 只要 $|y_0|<1$, 则初值问题

$$\begin{cases}\dfrac{\mathrm{d}y}{\mathrm{d}x}=f(x,y),\\ y(x_0)=y_0\end{cases}$$

的饱和解的饱和区间必是 $(-\infty,+\infty)$.

3. 试证微分方程

$$\frac{\mathrm{d}y}{\mathrm{d}x}=y\sin\frac{y}{x},\quad x>0$$

的任一解的饱和区间为 $(0,+\infty)$.

4. 考虑微分方程

$$\frac{\mathrm{d}y}{\mathrm{d}x}=y^{\alpha},\quad \alpha>1,\quad y>0.$$

试证对任一点 (x_0,y_0), 其中 $y_0>0$, 该方程满足 $y(x_0)=y_0$ 的解的饱和区间为 $I=(-\infty,\beta)$, 其中 $\beta<+\infty$.

5*. 设函数 f 在 $y>0$ 上连续且 f_y 存在连续, 又设 $f(x,0)=0$, 且存在 $\varepsilon>0,\alpha>1$ 使对一切 $x\in\mathbf{R}$ 及 $y>0$, $f(x,y)\geqslant\varepsilon y^{\alpha}$ 成立, 则对任一点 (x_0,y_0), 且 $y_0>0$, 初值问题 (4.1) 的解的饱和区间为 $I=(-\infty,\beta)$, 其中 $\beta<+\infty$.

(Ⅱ) **答案或提示**

1. $[-2,1)$; $\left(-2,\dfrac{1}{2}\right)$.

2. 提示: 利用解的存在唯一性定理与解的延拓定理.

3. 提示: 利用已知结果.

4. 提示: 直接求积.

5. 提示: 利用比较定理或用反证法.

4.3 解对初值和参数的连续性与可微性

4.3.1 基本问题

1. 贝尔曼 (Bellman) 积分不等式是怎么描述的, 怎么证明的?

2. 解对初值与参数的连续依赖性定理 (即定理 4.4) 是怎么描述的, 怎么证明的? 证明中贝尔曼积分不等式与延拓定理在何处用到?

3. 解对初值与参数的可微性定理 (即定理 4.5) 是怎么描述的, 怎么证明的?

4. (1) 试对 C^r $(r \geqslant 1)$ 函数 f, 详细证明推论 4.1(该推论的内容见 4.3.2 小节).

(2)* 你能对解析函数的情况给出推论 4.1 的证明吗?

5*. 试查阅数学分析中学过的有关多元函数的隐函数定理的叙述和证明 (这一定理很重要). 你能用推论 4.1 等来证明隐函数定理吗?

4.3.2 主要内容与注释

本节研究含参数的初值问题

$$\begin{cases} \dfrac{\mathrm{d}y}{\mathrm{d}x} = f(x, y, \lambda), \\ y(x_0) = y_0. \end{cases} \tag{4.2}$$

前面两节是研究初值问题中单个解的性质, 而本节是把初始值 x_0, y_0, 以及方程中出现的量 λ 作为变动参数, 进而研究初值问题 (4.2) 的解, 记为 $\varphi(x, x_0, y_0, \lambda)$, 关于参变量 (x_0, y_0, λ) 的依赖性质, 包括连续性与可微性等问题. 主要结果罗列如下.

引理 4.1 (Bellman 不等式) 设 $u(x)$ 与 $g(x)$ 为闭区间 $[a, b]$ 上的非负连续函数. 如果存在常数 $M \geqslant 0, x_0 \in [a, b]$ 使得

$$u(x) \leqslant M + \left| \int_{x_0}^{x} u(s) g(s) \mathrm{d}s \right|, \quad a < x < b,$$

则有

$$u(x) \leqslant M \mathrm{e}^{\left| \int_{x_0}^{x} g(s) \mathrm{d}s \right|}, \quad a \leqslant x \leqslant b.$$

定理 4.4 设 G 为一平面区域, J 为某区间. 又假设函数 $f(x, y, \lambda)$ 在 $G \times J$ 中连续, 且 $f_y(x, y, \lambda)$ 在 $G \times J$ 中存在且连续. 如果存在集 $G \times J$ 的内点 $(x_0^*, y_0^*, \lambda_0)$ 使 $\varphi^*(x) = \varphi(x, x_0^*, y_0^*, \lambda_0)$ 在内含 x_0^* 的闭区间 $[a, b]$ 上有定义, 且当 $x \in [a, b]$ 时点

$(x,\varphi^*(x))$ 在 G 的内部, 则任给 $\varepsilon>0$, 存在 $\delta=\delta(\varepsilon)>0$, 使当 $|x_0-x_0^*|+|y_0-y_0^*|+|\lambda-\lambda_0|<\delta$ 时解 $\varphi(x,x_0,y_0,\lambda)$ 对 $x\in[a,b]$ 有定义, 且

$$|\varphi(x,x_0,y_0,\lambda)-\varphi^*(x)|<\varepsilon,\quad x\in[a,b].$$

从而对 $x\in[a,b]$ 一致成立

$$\lim_{\substack{x_0\to x_0^*\\ y_0\to y_0^*\\ \lambda\to\lambda_0}}\varphi(x,x_0,y_0,\lambda)=\varphi^*(x).$$

定理 4.5 在定理 4.4 的条件下, 函数 φ 在其定义域 $D_{G,J}$ 上有连续偏导数 $\dfrac{\partial\varphi}{\partial x_0},\dfrac{\partial\varphi}{\partial y_0}$. 若进一步设 f_λ 在 $G\times J$ 上存在且连续, 则 φ 有连续偏导数 $\dfrac{\partial\varphi}{\partial\lambda}$.

推论 4.1 设函数 f 在 G 上关于 (x,y,λ) 为 C^r $(1\leqslant r\leqslant+\infty)$ 的 (即 f 存在所有直到 r 阶的偏导数, 且这些偏导数均在 G 中连续), 则解 φ 在其定义域内关于 (x,x_0,y_0,λ) 为 C^r 的 (即 φ 有所有直到 r 阶的连续偏导数). 对解析函数 f 有类似结论.

关于解对初值与参数的连续性和可微性定理的证明有多种方法，但基本的思路有两种，一是利用我们教材所用的思想，二是用皮卡逼近法. 两种证法各有特色，而相关的证明细节在写法上却是各种各样的. 我们课本所给出的证明主要是应用积分不等式和解的延拓定理，思路是经典的传统方法，而在细节上却又是严密而新颖的，所用的技巧不同以往. 请读者细心体会. 定理 4.4 的证明中出现记号“$|x-x_0|\ll 1$”，其含义是“x 充分靠近 x_0”，即“$|x-x_0|$ 充分小”.

此外，推论 4.1 给出了解对初值与参数存在高阶偏导数的条件，绝大多教材只涉及解对初值与参数的一阶偏导数. 这里指出，对 C^r 函数 f(包括 C^∞)，推论 4.1 中的结论可以由定理 4.5 证明中获得的偏导数的公式

$$\frac{\partial\varphi}{\partial y_0}=\mathrm{e}^{\int_{x_0}^x f_y(u,\varphi(u),\lambda)\mathrm{d}u}$$

与

$$\frac{\partial\varphi}{\partial x_0}=-f(x_0,y_0,\lambda)\mathrm{e}^{\int_{x_0}^x f_y(u,\varphi(u),\lambda)\mathrm{d}u},$$
$$\frac{\partial\varphi}{\partial\lambda}=\int_{x_0}^x \mathrm{e}^{-\int_{x_0}^u f_y(s,\varphi(s),\lambda)\mathrm{d}s}f_\lambda(u,\varphi(u),\lambda)\mathrm{d}u$$

来得到，但对 f 为解析函数的情形，就需要另证.

利用推论 4.1 等的结论可以证明含参数的隐函数定理，详见教学研究论文《隐函数定理的新证明》(文献 [6]).

4.3.3 习题 4.3 及其答案或提示

(Ⅰ) **习题 4.3**

1. 试对 $a<x<x_0$ 的情况证明引理 4.1.

2. 仿照公式

$$\frac{\partial \varphi}{\partial y_0}=\mathrm{e}^{\int_{x_0}^{x} f_y(u,\varphi(u),\lambda)\mathrm{d}u}$$

的证明给出下面两个公式的证明:

$$\frac{\partial \varphi}{\partial x_0}=-f(x_0,y_0,\lambda)\mathrm{e}^{\int_{x_0}^{x} f_y(u,\varphi(u),\lambda)\mathrm{d}u},$$

$$\frac{\partial \varphi}{\partial \lambda}=\int_{x_0}^{x}\mathrm{e}^{-\int_{x_0}^{u} f_y(s,\varphi(s),\lambda)\mathrm{d}s} f_\lambda(u,\varphi(u),\lambda)\mathrm{d}u.$$

3. 设 f 在 G 上为 C^2 函数, 试给出 $\dfrac{\partial^2 \varphi}{\partial y_0^2}$ 所满足的公式.

(Ⅱ) **答案或提示**

3. $\dfrac{\partial^2 \varphi}{\partial y_0^2}=\mathrm{e}^{\int_{x_0}^{x} f_y(u,\varphi(u),\lambda)\mathrm{d}u}\displaystyle\int_{x_0}^{x} f_{yy}(u,\varphi(u),\lambda)\frac{\partial \varphi}{\partial y_0}\mathrm{d}u.$

4.4 第 4 章典例选讲与习题演练

4.4.1 典例选讲

例 1 考虑微分方程

$$\frac{\mathrm{d}y}{\mathrm{d}x}=\sqrt{1-y^2},\quad (x,y)\in G=\{(x,y)|\ |x|<\infty,\ |y|\leqslant 1\}.$$

对什么样的点 $(x_0,y_0)\in G$, 方程有满足 $y(x_0)=y_0$ 的唯一解?

解 令 $f(x,y)=\sqrt{1-y^2}$, 则 $f_y=-\dfrac{y}{\sqrt{1-y^2}}$, 因此，当 $|y_0|<1$ 时，由定理 4.1 知方程过点 (x_0,y_0) 有唯一解. 进一步，可求得方程的通解是 $y=\sin(x+c)$, $|x+C|\leqslant\dfrac{\pi}{2}$. 由此并注意到常数解 $y=\pm1$ 易知，方程过点 $(x_0,\pm1)$ 至少有两个解通过.

例 2 考虑初值问题

$$\begin{cases}\dfrac{\mathrm{d}y}{\mathrm{d}x}=f(x,y),\\ y(x_0)=y_0,\end{cases}$$

其中 $f(x,y)$ 在点 (x_0,y_0) 的小邻域内是 y 的不增函数，则这一初值问题在 $x\geqslant x_0$ 一侧至多有一个解.

证明 用反证法. 设初值问题有两个解 $y=\varphi_1(x)$ 与 $y=\varphi_2(x)$，并存在 $x_1>x_0$ 使 $\varphi(x)=\varphi_1(x)-\varphi_2(x)$ 在 x_1 处不为零，不妨设 $\varphi(x_1)>0$，因为 φ 连续，且 $\varphi(x_0)=0$，则存在 $\bar{x}_0\in[x_0,x_1)$, 使得

$$\varphi(\bar{x}_0)=0,\quad \varphi(x)>0,\quad x\in(\bar{x}_0,x_1]$$

成立, 由于 $f(x,y)$ 在点 (x_0,y_0) 的小邻域内是 y 的不增函数, 故对 $x\in(\bar{x}_0,x_1]$ 有

$$f(x,\varphi_1(x))-f(x,\varphi_2(x))\leqslant 0.$$

从而, 注意到

$$\varphi_i(x)=\varphi_i(\bar{x}_0)+\int_{\bar{x}_0}^{x}f(x,\varphi_i(x))\mathrm{d}x,\quad i=1,2,$$

则有

$$\varphi(x)=\int_{\bar{x}_0}^{x}[f(x,\varphi_1(x))-f(x,\varphi_2(x))]\mathrm{d}x\leqslant 0,$$

矛盾. 证毕.

例 3 设函数 $f(x,y)$ 与 $f_y(x,y)$ 均在 $\mathbf{R}^2$ 上存在且连续, 又 f 是有界函数, 则方程 $\dfrac{\mathrm{d}y}{\mathrm{d}x}=f(x,y)$ 的任一解的饱和解的区间都是 $(-\infty,+\infty)$.

证明 由条件知, 任给点 (x_0,y_0), 所述微分方程有唯一的满足初值条件 $\varphi(x_0)=y_0$ 的解 $y=\varphi(x)$, 不妨设此解已经是饱和解. 进一步, 由函数 f 有界, 可知必存在常数 $M>0$, 使在 φ 的定义区间上有 $|\varphi'(x)|<M$, 由此易知, $|\varphi(x)-y_0|\leqslant M|x-x_0|$. 因此, 在函数 φ 的定义区间上有 $|\varphi(x)|\leqslant|y_0|+M|x-x_0|$. 由延拓定理知, 当 x 趋于饱和区间的端点时有 $|x|+|\varphi(x)|\to+\infty$, 故饱和区间的端点不能是有限值. 即为所证.

显然, 上述例子的结论可以直接利用书中命题 4.1 而得到.

例 4 考虑初值问题

$$\begin{cases}\dfrac{\mathrm{d}y}{\mathrm{d}x}=(y^2-\mathrm{e}^{2x})f(x,y),\\[2mm] y(x_0)=y_0,\end{cases}$$

其中 $f(x,y)$ 及 $f_y(x,y)$ 对一切 (x,y) 连续. 证明, 对任意 x_0, 只要 $|y_0|$ 充分小, 则初值问题的解必可延拓到 $[x_0,+\infty)$.

证明 用反证法. 取 $|y_0|<\mathrm{e}^{x_0}$, 设初值问题有解 $y=\varphi(x)$, 其右行饱和区间为 $[x_0,\beta)$, $\beta<+\infty$, 则由解的延拓定理, 当 $x\to+\infty$ 时 $\varphi(x)$ 无界. 于是必存在 $x_1>x_0$, 使有

$$|\varphi(x_1)|=\mathrm{e}^{x_1},\quad |\varphi(x)|<\mathrm{e}^{x},\quad x\in[x_0,x_1),$$

从而有 $|\varphi'(x_1)|\geqslant\mathrm{e}^{x_1}$. 作出函数的示意图就可以看出这一不等式的几何意义, 从而有助于理解证明的思路.

另一方面, 应有

$$\varphi'(x_1)=(\varphi^2(x_1)-\mathrm{e}^{2x_1})f(x,\varphi(x_1))=0.$$

矛盾.

例 5 设 $f(x,y)$ 与 $g(x,y)$ 为某区域 D 上的连续函数, 且 $f(x,y) < g(x,y)$. 又设 $(x_0,y_0) \in D$, 而 $y=\varphi(x)$ 和 $y=\psi(x)$ 分别是初值问题

$$\frac{\mathrm{d}y}{\mathrm{d}x} = f(x,y), \quad y(x_0)=y_0$$

与

$$\frac{\mathrm{d}y}{\mathrm{d}x} = g(x,y), \quad y(x_0)=y_0$$

在区间 (a,b) 上的解, 使得 $x_0 \in (a,b)$, 则对 $x \in (a,b)$,

$$\text{当 } x > x_0 (x < x_0) \text{ 时}, \ \varphi(x) < \psi(x) (\varphi(x) > \psi(x)).$$

证明 今以 $x > x_0$ 为例证之. 首先，由假设知 $\varphi(x_0)=\psi(x_0)=y_0$, 以及

$$\varphi'(x_0) = f(x_0,y_0) < g(x_0,y_0) < \psi'(x_0),$$

因此当 $x > x_0$ 且充分靠近 x_0 时必有 $\varphi(x) < \psi(x)$, 我们要证该不等式对一切 $x \in (x_0,b)$ 成立. 用反证法. 设结论不成立，则存在 $\bar{x} \in (x_0,b)$ 使 $\varphi(\bar{x}) \geqslant \psi(\bar{x})$. 由于 $\varphi(x)$, $\psi(x)$ 是连续函数，不妨设 $\varphi(\bar{x}) = \psi(\bar{x}) = \bar{y}$，进一步又可设对一切 $x \in (x_0,\bar{x})$ 有 $\varphi(x) < \psi(x)$, 那么由导数定义可知 $\varphi'(\bar{x}) \geqslant \psi'(\bar{x})$. 这一结论有明显的几何意义，可以通过作函数的示意图来帮助理解.

另一方面，由假设又知

$$\varphi'(\bar{x}) = f(\bar{x},\bar{y}) < g(\bar{x},\bar{y}) = \psi'(\bar{x}),$$

矛盾. 结论得证.

上述例子中的结论常称为第一比较定理. 它可用于比较两个方程的解的大小，用其中一个解的性质来获得另一解也具有这个性质. 下面的习题演练第 3 题中的结论是第二比较定理的一种特殊情况. 建议读者查阅一些常微分方程教材中对第一和第二比较定理的叙述和证明，比较一下这两个定理的条件与结论，然后可以进一步尝试改进它们. 最近我们在这方面做了一些细化与改进, 见《一阶常微分方程比较定理的细化与改进》(卢雯, 韩茂安)，感兴趣的读者可以和作者联系.

4.4.2 习题演练及其答案或提示

(Ⅰ) **习题演练**

1. 考虑微分方程

$$\frac{\mathrm{d}y}{\mathrm{d}x} = f(x,y) = \begin{cases} a, & y = ax, \\ 0, & y \neq ax, \end{cases}$$

其中 $a \neq 0$. 该方程过原点是否有唯一解?

2. 对什么样的点 (x_0, y_0), 方程 $\frac{\mathrm{d}y}{\mathrm{d}x} = \sqrt{|y|}$ 有满足 $y(x_0) = y_0$ 的唯一解?

3. 考虑微分方程

$$\frac{\mathrm{d}y}{\mathrm{d}x} = A(x,y)y + B(x),$$

其中函数 A 与 B 对一切 (x,y) 连续且有界，又 A_y 存在且连续. 则该方程的任一解的饱和区间为 $(-\infty, +\infty)$.

4. 设 $f(x,y)$ 与 $g(x,y)$ 为某区域 D 上的连续函数, 使得 $f_y(x,y)$ 与 $g_y(x,y)$ 至少有一个存在且在 D 上连续，且 $f(x,y) \leqslant g(x,y)$. 又设 $(x_0, y_0) \in D$, 而 $y = \varphi(x)$ 和 $y = \psi(x)$ 分别是初值问题

$$\frac{\mathrm{d}y}{\mathrm{d}x} = f(x,y), \quad y(x_0) = y_0$$

与

$$\frac{\mathrm{d}y}{\mathrm{d}x} = g(x,y), \quad y(x_0) = y_0$$

在区间 (a,b) 上的解, 使得 $x_0 \in (a,b)$. 则对 $x \in (a,b)$,

$$\text{当 } x > x_0 (x < x_0) \text{ 时, } \varphi(x) \leqslant \psi(x) (\varphi(x) \geqslant \psi(x)).$$

5. 设函数 $f_1(x)$ 与 $f_2(x)$ 在区间 (a,b) 上连续可微，且 $f_2(x) > f_1(x)$, $f_2'(x) > 0$, $f_1'(x) < 0$. 又设函数 $f(x,y)$ 对一切 $x \in (a,b)$, $y \in (-\infty, +\infty)$ 连续，则对任何 $x_0 \in (a,b)$, 必存在 y_0, 使得初值问题

$$\frac{\mathrm{d}y}{\mathrm{d}x} = (y - f_1(x))(y - f_2(x))f(x,y), \quad y(x_0) = y_0$$

的任何解都可延拓到 $[x_0, b)$.

6. 设函数 $f(y)$ 在区间 $(-\infty, +\infty)$ 上连续可微，且 $yf(y) < 0$ $(y \neq 0)$, 则

(1) 对任一点 (x_0, y_0), 方程 $\frac{\mathrm{d}y}{\mathrm{d}x} = f(y)$ 满足 $y(x_0) = y_0$ 的解 $y = y(x)$ 在区间 $[x_0, +\infty)$ 上存在.

(2) $\lim\limits_{x \to +\infty} y(x) = 0$ 成立.

(Ⅱ) **答案或提示**

4. 提示: 若设 $f_y(x,y)$ 存在且在 D 上连续，则引入含参数的方程的初值问题:

$$\frac{\mathrm{d}y}{\mathrm{d}x} = f(x,y) - \varepsilon, \quad y(x_0) = y_0,$$

其中 $\varepsilon > 0$ 是小参数. 再利用本节例 4 的结果与解对参数的连续依赖性定理.

4.5 第 4 章总结与思考

本章内容是本课程的重点之一，也是本课程的主要难点. 本章主要分成三节，讲了三方面的内容，即初值问题的存在唯一性、解的延拓、解对初值与参数的依赖性，每个方面都有一系列的概念和定理. 这部分内容比较难，是因为主要定理的证明比较抽象，用到的方法与技巧较多，不易理解，这其实对培养我们如何读书、如何推理的能力更有好处. 这部分内容之所以重要，是因为它是现代微分方程理论(进一步研究微分方程解的性质) 的基础 (本书第 5 章给出了现代微分方程的最基础的初步知识). 如果你查看其他教材，你会发现，本章的主要定理的叙述与其他书中类似定理的叙述有一定差别，而其他不同教材的叙述也不尽相同. 本章的主要定理的叙述有以下特点：

(1) 在一般区域上的解的存在唯一性定理 (即定理 4.1) 中引入了较易验证的条件 " 偏导数 f_y 在 G 中存在且连续"，这一条件比一些书中出现条件 "f 在 G 中关于 y 满足局部利普希茨条件" 更强一些.

(2) 完整地证明了解的延拓定理 (即定理 4.3)，其他很多书中忽略了对饱和解存在性的证明.

(3) 考虑了解对初值与参数的高阶可微性 (推论 4.1).

但是，所用到的方法和思路则是相同的. 其实，思路与方法本身比定理本身的叙述更加重要，因此，读者更应在理解思路与方法上下功夫. 限于篇幅，本章没有详细介绍解的存在性定理 (又称佩亚诺定理).

本章每一节的 "基本问题" 中都有一两个带 * 的问题，这些问题是有些难度的，是需要查找文献或做深入思考才能够解决的，问题的答案也不一定是唯一的. 其实呢，解决这些问题并不是太难的，有兴趣的同学花点时间读书进行深入思考，总会有答案的. 有点难的是提出这些问题，因为如果对教材内容不熟悉，又不善于思考创新，是很难想到这些问题的. 这些带 * 的问题就留给读者去考虑. 现在，我们转向一个新问题. 在第 1 章，我们学过恰当方程和积分因子，知道了如何判定形如

$$P(x,y)\mathrm{d}x + Q(x,y)\mathrm{d}y = 0$$

的一阶微分方程是不是恰当方程，也知道了判定这一方程是否有只依赖于一个变量的积分因子的方法. 我们现在提出这样的问题：在一般情况下，这一方程存在积分因子吗？或者说，在一般情况下，确定积分因子的那个偏微分方程有解吗？这是一个新问题，这个问题未发现在其他书中提出过. 我们来证明下面的结论：

如果函数 P 与 Q 均在某区域 G 中是连续可微的 (即存在连续的一阶偏导数), 则对 G 内任一点 (x_0, y_0), 只要 P 与 Q 在该点不同时为零, 上述微分方程在该点的某邻域内必存在连续的积分因子 $\mu(x, y)$.

为证明这一结论，不妨设 $Q(x_0, y_0) \neq 0$, 则存在点 (x_0, y_0) 的某邻域 G_0，使在 G_0 上有 $Q(x, y) \neq 0$. 在区域 G_0 上，上述微分方程等价于下述形式的一阶微分方程

$$\frac{\mathrm{d}y}{\mathrm{d}x} = -\frac{P(x, y)}{Q(x, y)} \equiv f(x, y).$$

显然，函数 f 为 G_0 上的连续可微函数，于是利用解的存在唯一性定理，对区域 G_0 内任一点 $(\bar{x}_0, \bar{y}_0)$, 该方程存在满足初值条件 $y(\bar{x}_0) = \bar{y}_0$ 的唯一解 $y = \varphi(x, \bar{x}_0, \bar{y}_0)$. 该解确定一条过点 $(\bar{x}_0, \bar{y}_0)$ 的积分曲线，在此积分曲线上任一点 (x_1, y_1), 则 $y_1 = \varphi(x_1, \bar{x}_0, \bar{y}_0)$ 成立. 注意到过点 (x_1, y_1) 的解也可以写为 $y = \varphi(x, x_1, y_1)$，并且这个解也通过点 $(\bar{x}_0, \bar{y}_0)$，故有 $\bar{y}_0 = \varphi(\bar{x}_0, x_1, y_1)$. 由 (x_1, y_1) 的任意性知 $\bar{y}_0 = \varphi(\bar{x}_0, x, y)$, 其中 $(x, y) \in G_0$. 也就是说，积分曲线 $y = \varphi(x, \bar{x}_0, \bar{y}_0)$ 又可以写成 $\bar{y}_0 = \varphi(\bar{x}_0, x, y)$. 现在，固定 $\bar{x}_0 = x_0$，并令 $F(x, y) = \varphi(x_0, x, y)$, 而将 $\bar{y}_0$ 视为任意常数，则 $F(x, y) = \bar{y}_0$ 就是微分方程 $P(x, y)\mathrm{d}x + Q(x, y)\mathrm{d}y = 0$ 的通解. 由解对初值的连续可微性定理又知函数 F 在 G_0 上是连续可微的. 于是，由 1.6 节的典例选讲中的例 13 可知，所述微分方程必有定义于区域 G_0 上的连续积分因子 μ, 使

$$F_x(x, y) = \mu(x, y)P(x, y), \quad F_y(x, y) = \mu(x, y)Q(x, y)$$

成立, 即为所证.

注意到 $F(x, y) = \varphi(x_0, x, y)$，利用积分因子 μ 满足的上述等式，以及解对初值的偏导数公式，不难证明积分因子 μ 满足下面的等式

$$\mu(x, y) = \frac{1}{Q(x, y)} \mathrm{e}^{-\int_{x_0}^{x} f_y(s, \varphi(s, x, y))\mathrm{d}s}.$$

证明留给读者.

由上述 $\mu(x, y)$ 的表达式，进一步可证

设函数 P 与 Q 均在某区域 G 中是 C^k 的 $(k \geqslant 1)$, 则对 G 内任一点 (x_0, y_0), 只要 P 与 Q 在该点不同时为零, 微分方程 $P(x, y)\mathrm{d}x + Q(x, y)\mathrm{d}y = 0$ 在该点的某邻域内必存在 C^{k-1} 类的积分因子 $\mu(x, y)$.

第5章　定性理论与分支方法初步

5.1　基本概念

5.1.1　基本问题

1. 李雅普诺夫 (Lyapunov) 意义下 n 维微分方程

$$\frac{\mathrm{d}x}{\mathrm{d}t} = f(t, x)$$

零解的稳定性与渐近稳定性是怎么定义的?

2. 自治系统的轨线具有什么样的性质?

3. 什么叫做首次积分? 什么叫做哈密顿 (Hamilton) 函数?

4. 一平面可微自治系统是哈密顿系统的充要条件是什么? 平面二次系统

$$\dot{x} = \sum_{0 \leqslant i+j \leqslant 2} a_{ij} x^i y^j, \quad \dot{y} = \sum_{0 \leqslant i+j \leqslant 2} b_{ij} x^i y^j$$

成为哈密顿系统的充要条件是什么?

5. 如何作平面哈密顿系统 $\dot{x} = y + y^2$, $\dot{y} = -x - ax^2$ 的相图 (其中 a 为常数)?

5.1.2　主要内容与注释

这一章主要是介绍不通过求解来研究微分方程解的性质的基本方法, 即定性理论方法, 包括研究解的稳定性理论的李雅普诺夫函数方法, 分支理论方法则是定性理论的进一步发展.

这一节给出了一些基本概念和事实, 其中基本概念包括在李雅普诺夫意义下零解的稳定与渐近稳定, 自治系统与非自治系统, 奇点与双曲奇点, 轨线与周期轨线, 相图与中心奇点, 首次积分与哈密顿系统等, 至于全局稳定、一致稳定、指数稳定等概念可参考有关微分方程稳定性理论的教材. 对自治系统

$$\frac{\mathrm{d}x}{\mathrm{d}t} = f(x), \quad x \in G \subset \mathbf{R}^n,$$

成立下述两个基本性质:

(1) 任一非平凡轨线 γ 或是闭轨线或是不自交的非闭轨线;

(2) 若轨线 γ 正向或负向趋于奇点, 则时间 t 必趋于 $+\infty$ 或 $-\infty$.

对自治系统 $\frac{\mathrm{d}x}{\mathrm{d}t}=f(x)$，我们明确约定：其奇点 x_0 是稳定的或渐近稳定的就是指方程 $\frac{\mathrm{d}y}{\mathrm{d}t}=f(y+x_0)$ 的零解是李雅普诺夫意义下稳定或渐近稳定的.

对平面自治系统，下述引理成立.

引理 5.1 设 $P(x,y),Q(x,y)$ 为定义于平面区域 G 上的连续可微函数，则自治系统

$$\frac{\mathrm{d}x}{\mathrm{d}t}=P(x,y),\quad \frac{\mathrm{d}y}{\mathrm{d}t}=Q(x,y)$$

成为一个哈密顿系统的充要条件是

$$P_x+Q_y=0,\quad (x,y)\in G.$$

事实上，这一引理的条件可减弱为 P_x 与 Q_y 在 G 上存在且连续.

下述系统是一类常见的哈密顿系统：

$$\dot{x}=y,\quad \dot{y}=-g(x),$$

其中 g 为一连续函数. 易知，这一系统有哈密顿函数

$$H(x,y)=\int_{(0,0)}^{(x,y)} y\mathrm{d}y+g(x)\mathrm{d}x=\frac{1}{2}y^2+\int_0^x g(x)\mathrm{d}x,$$

其等位线是关于 x 轴对称的一族曲线. 进一步可证下述命题.

命题 A 考虑上述哈密顿系统，其中 g 为连续可微函数. 如果函数 g 有根 x_0，即 $g(x_0)=0$，则当 $g'(x_0)>0$ 时奇点 $(x_0,0)$ 是中心，而当 $g'(x_0)<0$ 时奇点 $(x_0,0)$ 是鞍点 (鞍点的概念见 5.2 节习题 2).

5.1.3 习题 5.1 及其答案或提示

(Ⅰ) **习题 5.1**

1. 试证明定义于区域 G 上的自治系统 $\frac{\mathrm{d}x}{\mathrm{d}t}=f(x)$ 的解 $x(t,t_0,x_0)$ 满足下述群性质：

$$x(t,t_1,x(t_1-t_0,t_0,x_0))=x(t-t_0,t_0,x_0),$$

由此可证，若 γ 为上述系统的任一轨线，则对任一点 $x_0\in\gamma$, $t_0\in\mathbf{R}$, 与解 $x(t,t_0,x_0)$ 相应的轨线仍为 γ, 即 $\gamma=\{x(t,t_0,x_0)\mid t\in I(t_0,x_0)\}$.

2. 试通过分析哈密顿函数的等位线获得系统 $\dot{x}=y$, $\dot{y}=-(x+x^2)$ 的相图.

3. 试分析系统 $\dot{x}=y$, $\dot{y}=x-x^3$ 的相图.

4. 试分析系统 $\dot{x}=y$, $\dot{y}=-x+x^3$ 的相图.

(Ⅱ) **答案或提示**

1. 提示：利用解的存在唯一性定理.

2. 提示：利用命题 A.

3. 提示：利用命题 A.

4. 提示：利用命题 A.

5.2　李雅普诺夫函数方法

5.2.1　基本问题

1. 正定函数是不是恒正的函数?

2. 李雅普诺夫基本定理 (即定理 5.1 与定理 5.2) 是如何证明的? 它们的条件有什么样的几何意义?

3. 有关非线性平面系统渐近稳定性的定理 5.3 是如何证明的? 如果说其证明有两个关键点，你认为是哪两点?

4. 设有以原点为奇点的平面 C^1 自治系统 $\dot{x}=f(x)$, 使得 $f'(0)$ 的特征值均具有负实部，则对这一系统引入线性变换之后所得新系统在原点的稳定性不会改变. 试证明之.

5. 查阅有关文献，了解平面线性系统的初等奇点的所有可能的类型 (包括各类奇点的名称、判定和相图).

5.2.2　主要内容与注释

本节对函数 $V(x)$ 引入了正定、负定等概念，其实，对更一般的函数 $V(t,x)$ 有类似的概念，本节给出的两个李雅普诺夫基本定理如下：

定理 5.1　*如果存在正定函数 $V: D\to \mathbf{R}$ 使*

$$\frac{\mathrm{d}V}{\mathrm{d}t}\equiv\frac{\partial V}{\partial x}\cdot f(x)\left(=\sum_{j=1}^{n}\frac{\partial V}{\partial x_j}f_j(x)\right)$$

在 D 上为常负的, 则微分方程

$$\frac{\mathrm{d}x}{\mathrm{d}t}=f(x)$$

的零解 (或原点) 是稳定的.

定理 5.2　*设存在正定函数 $V: D\to \mathbf{R}$ 使*

$$\frac{\mathrm{d}V}{\mathrm{d}t}=\frac{\partial V}{\partial x}f(x)$$

在 D 上是负定的, 则微分方程

$$\frac{\mathrm{d}x}{\mathrm{d}t}=f(x)$$

的零解是渐近稳定的.

对非自治系统也有类似结果，只是条件要复杂一些. 上述两个基本定理的证明值得认真理解和体会，虽然不难，却有一些数学分析技巧，例如，多次用到了多元连续函数的性质. 李雅普诺夫定理的巨大优越性在于不通过求解就可以判断零解的稳定性，当然在应用这一理论时面临的挑战是寻求合适的李雅普诺夫函数.

利用定理 5.2，可证以下结论.

定理 5.3　*考虑微分方程*

$$\frac{\mathrm{d}x}{\mathrm{d}t}=f(x),\quad x\in\mathbf{R}^2,$$

其中假设 $f(0)=0$, f 在 $x=0$ 连续可微. 如果矩阵 $f'(0)=A$ 的特征值都具有负实部，则原点为渐近稳定的.

这个定理的证明有两个关键点: 一是把方程的线性部分标准化，一是利用合适的李雅普诺夫函数. 该定理还有一个证明方法，如本节习题中题 5 所提示的，请读者给出详细证明或查阅其他文献给出的证明. 定理 5.3 对高维系统仍成立，所述两个证明方法都仍然可行，这里取成平面系统纯粹是为了证明上的简单明了.

对线性系统的初等奇点的定性分析，本节有简要的论述，引出了焦点、结点、星型结点、退化结点以及鞍点 (见习题 5.2 的题 2)，方法是利用矩阵标准型理论和线性变换理论. 其实，对任一给定的齐次线性系统，假设原点是初等奇点，则可以直接利用其系数来判定奇点的类型和稳定性，请读者自行完成.

5.2.3　习题 5.2 及其答案或提示

(Ⅰ)　**习题 5.2**

1. 讨论系统

$$\dot{x}=-3x-2y,\quad \dot{y}=5x-y$$

的奇点类型, 并利用变换所引入的线性变换画出相图.

2. 设 $\lambda_1<0<\lambda_2$. 试讨论

$$\dot{u}=\lambda_1 u,\quad \dot{v}=\lambda_2 v$$

的相图 (称这样的奇点为**鞍点**).

3. 确定系统 $\dot{x}=-3x-y,\dot{y}=4x+y$ 的奇点类型.

4. 考虑洛伦兹系统

$$\begin{aligned}\dot{x}&=-\sigma x+\sigma y,\\ \dot{y}&=rx-y-xz,\\ \dot{z}&=-bz+xy,\end{aligned}$$

其中 σ, r, b 为正常数. 试对 $r \leqslant 1$ 讨论原点的稳定性.

5. 试利用常数变易公式及贝尔曼不等式 (引理 4.1) 证明定理 5.3.

6. 设 $V: \mathbf{R}^n \to \mathbf{R}$ 为连续可微的正定函数, 且 $\dfrac{\partial V}{\partial x}(0) = 0$. 试考虑梯度系统

$$\dot{x} = -\frac{\partial V}{\partial x}$$

的原点的稳定性.

(Ⅱ) **答案或提示**

1. 提示: 求特征值.

4. 提示: 取 $V(x, y, z) = \dfrac{x^2}{2\sigma} + \dfrac{1}{2}y^2 + \dfrac{1}{2}z^2$.

5. 提示: 参考定理 4.4 的证明.

6. 提示: 利用定理 5.1 或定理 5.2.

5.3 一维周期微分方程

5.3.1 基本问题

1. 一维 T 周期微分方程

$$\frac{\mathrm{d}x}{\mathrm{d}t} = f(t, x)$$

的庞加莱 (Poincaré) 映射是怎么定义的? 它具有什么性质?

2. 如何在 "柱面"$0 \leqslant t \leqslant T, x \in \mathbf{R}$ 上画出上述方程的 "轨线" 和相图?

3. 上述方程的后继函数是怎么定义的? 思考和理解定理 5.4 的结论和证明.

4. 如何引入上述周期方程的任一周期解的重数的定义?

5. 设 T 周期函数 $f(t, x)$ 满足

$$f(t, 0) = 0, \quad f\left(t + \frac{T}{2}, -x\right) = -f(t, x),$$

又设后继函数满足: 当 $0 < x_0 \ll 1$ 时 $d(x_0) \neq 0$, 则函数 $x_0 d(x_0)$ 是定号函数, 从而零解是渐近稳定的或是负向渐近稳定的. 提示: 参考常微分方程文献 [1] 定理 5.6 的证明.

5.3.2 主要内容与注释

本节研究一维周期微分方程

$$\frac{\mathrm{d}x}{\mathrm{d}t} = f(t, x), \tag{5.1}$$

其中 $f:\mathbf{R}\times I\to\mathbf{R}$ 连续且满足 $f(t+T,x)=f(t,x)$, 其中 $T>0$ 为常数, $I\subset\mathbf{R}$ 为某区间. 为保证初值问题的存在唯一性, 我们还设 f_x 存在且连续. 对任意点 $(t_0,x_0)\in\mathbf{R}\times I$, 设上述方程 (5.1) 满足 $x(t_0)=x_0$ 的解 $x(t,t_0,x_0)$ 的饱和区间为 $\mathbf{R}$. 从此解出发，可引出一些基本概念，例如积分曲线、周期解、一重与二重周期解，以及庞加莱映射和后继函数等.

方程 (5.1) 的解满足下述若干性质.

引理 5.2 $x(t,t_0,x(t_0+T,t_0,x_0))=x(t+T,t_0,x_0)=x(t,0,x(T,t_0,x_0))$.

引理 5.3 令 $h_{t_0}(x_0)=x(T,t_0,x_0)$, 则 h_{t_0} 与 P_{t_0} 均为 x_0 的严格增加函数, 且

$$h_{t_0}\circ P_{t_0}=P_0\circ h_{t_0}\quad 或\quad P_{t_0}=h_{t_0}^{-1}\circ P_0\circ h_{t_0},$$

其中 $P_0=P_{t_0}|_{t_0=0}=x(T,0,x_0)$, $h_{t_0}^{-1}$ 表示 h_{t_0} 的反函数.

引理 5.4 解 $x(t,t_0,x_0)$ 为 (5.1) 的周期解当且仅当存在 $(0,\bar{x})\in\gamma_{(t_0,x_0)}$ 使 $P_0(\bar{x})=\bar{x}$.

主要结果是下述两个定理.

定理 5.4 设 I 为以 $x=0$ 为内点的区间, 又设 $f(t,0)=0$, 则 $x=0$ 为上述周期方程的渐近稳定零解当且仅当存在 $\bar{\delta}>0$ 使

$$当\ 0<|x_0|<\bar{\delta}\ 时\quad x_0d(x_0)<0,$$

即 $x_0d(x_0)$ 为负定函数.

定理 5.5 设 $f(t,0)=0$, 若 f 为 C^1 函数, 则

$$d'(0)=P'(0)-1=\mathrm{e}^{\int_0^T f_x(t,0)\mathrm{d}t}-1,$$

从而若 $\sigma\equiv\displaystyle\int_0^T f_x(t,0)\mathrm{d}t<0(>0)$, 则 $x=0$ 为上述方程的渐近稳定解 (不稳定解). 若 f 为 C^2 函数, 则

$$d(x_0)=d'(0)x_0+d_2x_0^2+o(x_0^2),$$

从而若$\sigma=\displaystyle\int_0^T f_x(t,0)\mathrm{d}t=0, d_2\neq 0$ 则 $x=0$ 为不稳定解.

由上述两个定理的证明可以看出下面的结论.

推论 5.1 设 $f(t,0)=0$, 且 f 为 C^1 函数, 则对方程 $\dfrac{\mathrm{d}x}{\mathrm{d}t}=f(t,x)$ 来说, 下列三点等价:

(1) 零解 $x=0$ 为渐近稳定的;

(2) 零解是稳定的, 且 $x_0=0$ 为 $d(x_0)$ 的孤立根;

(3) 存在 $\bar{\delta}>0$ 使当 $|x_0|<\bar{\delta}$ 时 $\lim\limits_{n\to\infty}P^n(x_0)=0$.

这一节有关一维周期方程的基本概念和结果在下一节研究焦点和极限环的重数与稳定性时将用到. 主要结果是定理 5.4，其证明虽然长了点，也用到一些数学分析方法，但没什么难度，其结论也有明显的几何意义. 关于定理 5.5，其条件“$f \in C^1$”可以减弱为“f 与 f_x 连续 (当 $|x|$ 适当小时)”，请读者思考这是为什么.

周期微分方程是微分方程理论的研究重点内容之一，对一维周期方程来说，研究的主要问题是周期解的个数. 对高维周期方程，研究的问题则更多更难，涉及周期解、积分流形、混沌等，这里就不展开了.

5.3.3 习题 5.3 及其答案或提示

(Ⅰ) **习题 5.3**

1. 设 $a(t)$ 与 $b(t)$ 为连续的 T 周期函数, 记 $\bar{a} = \dfrac{1}{T}\displaystyle\int_0^T a(t)\mathrm{d}t$ 表示 a 在 $[0,T]$ 上的平均值. 试证当 $\bar{a} \neq 0$ 线性方程

$$\frac{\mathrm{d}x}{\mathrm{d}t} = a(t)x + b(t)$$

有唯一的周期解, 且当 $\bar{a} < 0(> 0)$ 时为渐近稳定 (不稳定) 的.

2. 设 $f: \mathbf{R}^2 \to \mathbf{R}$ 为 C^1 函数且关于 t 为 T 周期的. 如果存在常数 $x_2 > x_1$ 使 $f(t,x_2) < 0$, $f(t,x_1) > 0$, 则必存在 $\bar{x}_0 \in (x_1,x_2)$, 使 $x(t,0,\bar{x}_0)$ 为方程 $\dfrac{\mathrm{d}x}{\mathrm{d}t} = f(t,x)$ 的周期解 (提示: 考虑函数 d 在 $x_0 = x_1$ 与 $x_0 = x_2$ 的符号).

3. 讨论方程

$$\dot{x} = (-\sin t)x + (\sin t)x^2$$

周期解的存在性.

4. 证明推论 5.1.

5. 试利用 $P'(x_0)$ 与 $P''(x_0)$ 的表达式证明，如果 $f_x(t,x) \neq 0$ ($f_{xx}(t,x) \neq 0$), 则方程 $\dfrac{\mathrm{d}x}{\mathrm{d}t} = f(t,x)$ 至多有一个周期解 (至多有两个周期解).

6.* 计算 $P'''(x_0)$ 的表达式, 并证明如果 $f_{xxx}(t,x) \neq 0$ 则方程 $\dfrac{\mathrm{d}x}{\mathrm{d}t} = f(t,x)$ 至多有三个周期解.

7.* 证明: 设 $a(t)$, $b(t)$ 与 $c(t)$ 为连续的 T 周期函数. 试证方程

$$\frac{\mathrm{d}x}{\mathrm{d}t} = a(t)x^2 + b(t)x + c(t)$$

至多有两个 T 周期解, 除非所有解都是 T 周期的.

(Ⅱ) **答案或提示**

1. 提示: 求出庞加莱映射.

2. 提示: 分析过点 $(0,x_1)$ 与 $(0,x_2)$ 的积分曲线 (轨线) 的性态，证明后继函数有根.

6. $P'''(x_0)=P'(x_0)\left[\dfrac{3}{2}\left(\dfrac{P''(x_0)}{P'(x_0)}\right)^2+\displaystyle\int_0^T f_{xxx}(t,\varphi(t,x_0))\,\mathrm{e}^{2\int_0^t f_x(s,\varphi(s,x_0))\mathrm{d}s}\mathrm{d}t\right]$.

7. 提示: 首先不妨设 $c(t)=0$(请思考这样做的理由), 然后令 $y=\dfrac{1}{x}$.

5.4　细焦点与极限环

5.4.1　基本问题

1. 二维系统

$$
\begin{aligned}
\dot{x}&=\alpha x+\beta y+P_1(x,y),\\
\dot{y}&=-\beta x+\alpha y+Q_1(x,y),
\end{aligned}
$$

在原点附近的庞加莱映射和后继函数是怎么定义的?

2. 完成引理 5.5 的证明 (该定理的内容见 5.4.2 小节).

3. 上述平面系统的焦点和中心是如何定义的?

4. 平面系统的极限环及其稳定性是如何定义的? 极限环稳定性的几何意义是什么?

5. 判定极限环的存在性与不存在性有哪些方法?

5.4.2　主要内容与注释

焦点的阶数及其稳定性、中心与焦点的判定、极限环的重数及其稳定性以及细焦点、中心奇点和闭轨线在扰动下产生极限环等问题长期以来一直是微分方程定性理论与动力系统分支理论的重要研究课题，迄今仍有许多研究. 本节给出了涉及焦点与极限环的最基本的概念和方法. 研究焦点与极限环的最基本的工具是庞加莱映射. 本节首先定义了在焦点附近的庞加莱映射，我们的定义与有些教材的定义方式不一样，但实际上是等价的. 我们采用的方法是: 先把平面系统通过极坐标转化成一个一维周期系统，然后将这个周期系统的庞加莱映射定义为原平面系统在焦点或中心点附近的庞加莱映射. 紧接着，我们给出了这个庞加莱映射的几何意义，即它是所述平面系统从 x 正轴上一点出发的轨线绕原点一周后到达 x 正轴上一点的横坐标. 有一些教材是利用这个几何意义来定义庞加莱映射的.

我们利用庞加莱映射进一步给出了焦点与中心的定义, 再利用一维周期方程的结果给出了判定焦点稳定性的条件.

研究焦点问题，我们考虑方程

$$
\begin{aligned}
\dot{x}&=\alpha x+\beta y+P_1(x,y),\\
\dot{y}&=-\beta x+\alpha y+Q_1(x,y),
\end{aligned}
\tag{5.2}
$$

其中 $\beta\neq 0$, P_1 与 Q_1 在原点邻域内连续可微, 且满足

$$P_1(x,y)=O(|x,y|^2),\quad Q_1(x,y)=O(|x,y|^2).$$

对上述平面自治系统引入极坐标变换

$$(x,y)=(r\cos(\beta\theta),-r\sin(\beta\theta)),\quad 0\leqslant\theta\leqslant T \tag{5.3}$$

得到一维 T 周期方程

$$\frac{\mathrm{d}r}{\mathrm{d}\theta}=\frac{\alpha r+\cos(\beta\theta)P_1-\sin(\beta\theta)Q_1}{1-\dfrac{1}{\beta r}[\sin(\beta\theta)P_1+\cos(\beta\theta)Q_1]}\equiv f(\theta,r). \tag{5.4}$$

这里有几点值得我们思考清楚. 首先，在极坐标变换 (5.3) 中，变量 r 应当是正数, 这个正量的几何意义是点 (x,y) 的向径，即它到原点的距离. 其次，在周期方程 (5.4) 中，应当补充定义 $f(\theta,0)=0$. 进一步，单纯考虑周期方程 (5.4)，易见这个方程对负的 r 也是有意义的，只要 $|r|$ 适当小. 这样一来，周期方程 (5.4) 对一切适当小的 $|r|$ 都有定义了. 接下来需要考虑的问题是，周期函数 f 在 $r=0$ 可微吗？这个问题看似显然，却并不是几句话可以说清楚的. 文献《平面系统中心与焦点判定问题的若干注释》(文献 [7]) 考虑到了这个问题，并证明: 如果 (5.2) 中的函数 P_1 与 Q_1 在原点是 k 次连续可微的，那么式 (5.4) 中的函数 f 在 $r=0$ 也是 k 次连续可微的. 建议读者证明这一结论. 这里值得提醒的是，如果函数 P_1 与 Q_1 在原点是 k 次连续可微的，那么函数 f 的分母在 $r=0$ 仅仅是 $k-1$ 次连续可微的. 当 $k=1$ 时对函数 f 连续可微的论证详见 5.7 节.

不难看出，周期方程 (5.4) 的零解 $r=0$ 对应于平面系统 (5.2) 的原点，一个自然的问题是两者的稳定性有何关系？下面的引理回答了这一问题.

引理 5.5　*原点为平面系统 (5.2) 的渐近稳定奇点当且仅当 $r=0$ 为周期方程 (5.4) 的渐近稳定零解.*

这一引理的结论是较容易接受的，然而，其严格的证明还是颇费口舌的，我们所用文献 [1] 中只证明了必要性部分，建议读者自行给出充分性部分的证明.

如 5.3 节所述，周期方程 (5.4) 有庞加莱映射 $P(r_0)$ 和后继函数 $d(r_0)=P(r_0)-r_0$, 我们就把它们分别称为平面自治系统 (5.2) 的庞加莱映射和后继函数. 关于焦点的稳定性质，文献 [1] 中证明了下述定理:

定理 5.6　*设原点为平面系统 (5.2) 的焦点, 则*

(i) 函数 $r_0d(r_0)$ 为定号函数 (在 $r_0=0$ 的小邻域内);

(ii) 原点为稳定焦点当且仅当 $r_0d(r_0)$ 为负定函数 (在 $r_0=0$ 的小邻域内).

下面我们转到极限环的讨论. 为了推导方便，我们考虑下面形式的平面系统

$$\dot z=f(z),\quad z\in G, \tag{5.5}$$

其中 $f:G\to\mathbf{R}^2$ 为连续可微函数，$G\subset\mathbf{R}^2$ 为一平面区域. 对这一系统，我们的基本假设是它有闭轨线 L, 其参数方程由 $z=u(t)$ 给出, $0\leqslant t\leqslant T$, 这里 T 表示 L 的周期. 我们的基本问题是定义和研究闭轨线 L 的稳定性. 基本思路是，先通过一个所谓的曲线坐标变换, 即

$$z=u(\theta)+Z(\theta)p,\quad 0\leqslant\theta\leqslant T,\quad |p|<\varepsilon, \tag{5.6}$$

将平面系统转化为一个一维周期方程, 即

$$\frac{\mathrm{d}p}{\mathrm{d}\theta}=R(\theta,p), \tag{5.7}$$

然后利用这个方程零解的稳定性来引出极限环的概念和定义极限环的稳定性，再利用一维周期方程的结果给出了判定极限环稳定性的条件，在这个过程中，再一次出现庞加莱映射这一重要概念. 这里需要保持清醒的是上述方程的右端函数 $R(\theta,p)$ 的光滑性，文献 [1] 中有明确的叙述.

利用有关一维周期方程的零解稳定性结论，就可以证明以下定理.

定理 5.7 *方程 (5.5) 的闭轨 L 为稳定极限环当且仅当存在 $\varepsilon_0>0$ 使当 $0<|p_0|<\varepsilon_0$ 时 $p_0d(p_0)<0$. 特别, 若*

$$I_L=\oint_L\mathrm{tr}\frac{\partial f}{\partial z}(z)\mathrm{d}t=\int_0^T\mathrm{tr}\frac{\partial f}{\partial z}(u(t))\mathrm{d}t<0(>0),$$

则 L 为稳定极限环 (不稳定极限环).

关于上述定理的证明，我们需要解释一下. 文献 [1] 中 151 页第 5 行提到应用定理 5.5，而由该定理中表述的条件，方程 (5.7) 的右端函数 R 应该是 C^1 的才行，但函数 R 未必是 C^1 的，只知道 R 与 $\dfrac{\partial R}{\partial p}$ 均为连续函数. 可以解决这一问题吗？可以解决！只要注意到，我们在 5.3 节定理 5.5 后解释过，其条件可以减弱. 这里正好可以应用减弱之后的结果.

关于极限环的的存在性、唯一性与不存在性，文献 [1] 给出了下列三个定理.

定理 5.8 *设 $D\subset G$ 为一开集, $B:D\to\mathbf{R}$ 为 C^1 函数. 又设量*

$$\mathrm{div}(Bf)\equiv\mathrm{tr}\frac{\partial(Bf)}{\partial z}$$

在 D 内常号, 且在 D 内任一开子集中不恒为零.

(i) 若 D 为单连通区域, 则二维系统 (5.5) 在 D 内没有闭轨, 也没有分段光滑的奇闭轨.

(ii) 若 D 为双连通区域 (即 D 是有两条边界曲线的开环域), 则式 (5.5) 在 D 内至多有一个极限环. 若极限环存在, 且沿着它有 $\mathrm{div}(Bf)\neq 0, B>0$, 则极限环必为双曲的, 且当 $\mathrm{div}(Bf)\leqslant 0(\geqslant 0)$ 时为稳定 (不稳定) 的.

定理 5.9 设 D 为平面区域, $V: D \to \mathbf{R}$ 为 C^1 函数. 令

$$M = \left\{(x, y) \in D \left| \frac{\mathrm{d}V}{\mathrm{d}t} = 0 \right.\right\},$$

其中 $\frac{\mathrm{d}V}{\mathrm{d}t} = \frac{\partial V}{\partial z} \cdot f(z)$. 设 $\frac{\mathrm{d}V}{\mathrm{d}t}$ 在 D 中常号, 则

(i) 若式 (5.5) 在 M 中没有闭轨, 则式 (5.5) 在 D 中没有闭轨;

(ii) 若式 (5.5) 在 M 中没有具正长度的轨线段, 且存在常数 k 使 $D = \{(x, y) \mid V \leqslant k\}$, 则式 (5.5) 不存在与 D 相交的闭轨.

定理 5.10 考虑解析系统 (5.5). 设 $D \subset G$ 为由两条闭曲线所界的环域. 如果 D 中没有式 (5.5) 的奇点, 且式 (5.5) 从 D 的边界上任一点出发的轨线都正向进入 D 内, 则式 (5.5) 在 D 内必有稳定极限环.

文献 [1] 对焦点与极限环的处理在结构上是类似的，有新意和特色，并且条理清楚，论证严密. 读者可通过阅读多种教材的相关内容的处理来做一下比较和思考.

我们再提一点. 一个看起来十分显然的事实是: 焦点的稳定性与阶数、极限环的稳定性与重数在充分光滑的变量变换之下是不变的. 这些结论的证明有点难度, 详见专著《Bifurcation Theory of Limit Cycles》(文献 [8]).

5.4.3 习题 5.4 及其答案或提示

(I) **习题 5.4**

1. 讨论方程

$$x' = y - a(x^2 + x^3), \quad y' = -x$$

在原点的稳定性 (其中 a 为常数).

2. 考虑二维系统

$$x' = -y - x(F(x, y) + ax + by + c),$$

$$y' = x - y(F(x, y) + ax + by + c),$$

其中 F 为 x, y 的正定二次型, a, b, c 为常数且 $c < 0$. 试证明上述方程存在稳定极限环.

3. 设 L 为式 (5.5) 的稳定极限环, 则 $p = 0$ 为式 (5.7) 的渐近稳定零解, 而 $z = u(t)$ 是式 (5.5) 的稳定解, 但不是渐近稳定解.

4. 试画出所有可能的不稳定极限环的几何性态图.

(II) **答案或提示**

1. 提示: 参考文献 [1] 中例 5.7 的方法.

2. 提示: 利用极坐标及庞加莱映射考虑由 $x^2+y^2=r_1$ 与 $x^2+y^2=r_2$ 所围的环形区域, 其中 $r_1>0$ 适当小, $r_2>0$ 充分大, 并应用定理 5.10.

3. 提示: 考虑解 $u(t+\tau)$ 与 $u(t)$ 的差, 其中 $\tau>0$ 充分小.

5.5 常见分支现象举例

5.5.1 基本问题

1. 文献 [1] 中讨论方程

$$x'=\varepsilon\left(\frac{1}{4}+\cos t+x\right)+x^2. \tag{5.8}$$

周期解分支问题的主要方法有哪些? 在讨论式 (5.8) 的过程中用到了什么样的隐函数定理?

2. 文献 [1] 中在对

$$x'=y-(x^3-\varepsilon x), \quad y'=-x. \tag{5.9}$$

极限环问题的讨论中得到结论 "当 $\varepsilon>0$ 充分小时式 (5.9) 在原点小邻域内有唯一极限环", 为什么?

3. 近哈密顿系统

$$\begin{aligned}x'&=H_y+\varepsilon f(x,y,\delta),\\ y'&=-H_x+\varepsilon g(x,y,\delta)\end{aligned}$$

的后继函数和梅尔尼可夫 (Melnikov) 函数各是怎么定义的?

4*. 在公式

$$H(B)-H(A)=\varepsilon\int_0^\tau(fH_x+gH_y)\mathrm{d}t\equiv\varepsilon F(h,\varepsilon,\delta)$$

中出现的函数 τ 关于 (h,ε,δ) 为 C^∞ 的, 且 $\tau=T(h)+O(\varepsilon)$(此处 $T(h)$ 为 L_h 的周期), 试证明这一结论 (参考文献 [3] 或 [8]).

5. 对上述近哈密顿系统, 证明对充分小的 $|\varepsilon|\neq 0$ 下列三点是等价的 (不失一般性可设对 $h\in(0,\alpha)$ 有 $H_x(A(h))\neq 0$, 以保证 L_h 在点 A 与 x 轴横截相交):

(1) γ_A 为闭轨;

(2) $B=A$;

(3) $H(B)=H(A)$, 即 $F(h,\varepsilon,\delta)=0$.

5.5.2 主要内容与注释

本节从内容安排上，先是通过一些具体例子来引入四类常见的分支现象，即鞍结点分支、叉型分支、霍普夫 (Hopf) 分支与同宿分支，读者可以通过具体例子对这几类分支现象有一个初步的认识和了解. 然后简单描述了研究近哈密顿系统

$$
\begin{aligned}
\dot{x} &= H_y + \varepsilon f(x, y, \delta), \\
\dot{y} &= -H_x + \varepsilon g(x, y, \delta)
\end{aligned} \tag{5.10}
$$

极限环的基本方法. 关于方程 (5.10), 有个著名的世界难题，就是所谓的弱化的 Hilbert 第 16 问题，也即当该系统是多项式系统时，相应的首阶 Melnikov 函数有多少个根 (又称零点). 这一问题只在二次系统中得到解决，答案是可以出现且最多能够出现两个根.

对极限环分支方法的研究，经过几十年的发展，已形成较为成熟的理论，也出版了不少本的专著，参考文献 [3,8,9,11,12]，但在这个领域仍有十分困难的问题悬而未决，这可能有两个原因，一是还没有找到合适的研究方法，二是问题本身就无法解决. 无论如何，人们坚持不懈的努力和追求，大大推动了数学理论的发展，也体现了对实际问题的应用价值.

5.5.3 习题 5.5 及其答案或提示

(Ⅰ) **习题 5.5**

1. 考虑一维周期方程 $\dot{x} = f(t, x)$. 设 f 关于 x 为奇函数, 试证明其后继函数 $d(x_0)$ 为 x_0 的奇函数.

2. 利用题 1 和后继函数研究方程 $\dot{x} = \left(\dfrac{1}{2} + \cos t\right) x^3 - \varepsilon \left(\dfrac{1}{2} + \sin t\right) x$ 的周期解分支.

3. 考虑微分方程

$$
\dot{x} = f(x) + \varepsilon g(t, x),
$$

其中 f, g 为 C^1 函数, g 关于 t 为 T 周期的. 试证如果 $f(0) = 0, f'(0) \neq 0$, 则当 $|\varepsilon|$ 充分小时上述方程在零解的小邻域内有唯一周期解 $x(t, \varepsilon)$ 且 $x(t, 0) = 0$.

4. 试研究含参数方程 $\dot{x} = \varepsilon(x^2 + (\sin t)x + \delta + \cos t)$ 的周期解分支.

5. 试研究方程

$$
\dot{x} = -y - x[(x^2 + y^2 - 1)^2 + \varepsilon], \quad \dot{y} = -x
$$

的极限环分支.

6. 试证明方程

$$
\dot{x} = y - \varepsilon(x^5 + \delta_1 x^3 + \delta_2 x), \quad \dot{y} = -x
$$

可以有两个极限环.

(II) **答案或提示**

1. 提示: 考虑 $-x(t)$ 是否可解 (假设 $x(t)$ 是解).
2. 提示: 根据需要计算后继函数展开式的系数, 并利用题 1.
3. 提示: 利用常数变易公式和隐函数定理.
4. 提示: 求出后继函数关于 ε 展开式的线性主部.
5. 提示: 引入极坐标, 化为一维周期方程.
6. 提示: 利用首阶的梅尔尼可夫函数的公式, 求出这个函数的具体形式.

5.6 第 5 章典例选讲与习题演练

5.6.1 典例选讲

例 1 考虑平面 C^1 系统 $x' = P(x,y)$, $y' = Q(x,y)$, 称它有积分因子 $\mu(x,y)$, 如果 μ 是非零函数, 且使得系统

$$x' = \mu(x,y)P(x,y), \quad y' = \mu(x,y)Q(x,y)$$

是某区域上的哈密顿系统.

① 求 C^1 系统 $\dot{x} = P(x,y)$, $\dot{y} = Q(x,y)$ 有只与 x 有关的积分因子 $\mu(x)$ 的条件.

② 求 C^1 系统 $\dot{x} = p(x)y$, $\dot{y} = q_0(x) + q_1(x)y^2$ 的积分因子.

解 设 C^1 系统 $\dot{x} = P(x,y)$, $\dot{y} = Q(x,y)$ 有可微的积分因子 $\mu(x,y)$, 则由引理 5.1 知必有

$$(\mu P)_x + (\mu Q)_y = 0,$$

当且仅当函数 μ 与 y 无关时上述关于 μ 的偏微分方程等价于下列常微分方程:

$$\mu_x P + \mu P_x + \mu Q_y = 0.$$

将这一方程改写为

$$\frac{\mu_x}{\mu} = -\frac{P_x + Q_y}{P},$$

可知, 这个常微分方程方程有解当且仅当函数 $-\dfrac{P_x + Q_y}{P}$ 只与 x 有关, 记其为 $\varphi(x)$, 此时, 可解得

$$\mu = \mathrm{e}^{\int \varphi(x)\mathrm{d}x}.$$

于是, 所求条件是 $-\dfrac{P_x + Q_y}{P} \equiv \varphi(x)$ 只与 x 有关.

进一步，对平面系统 $\dot{x}=p(x)y,\ \dot{y}=q_0(x)+q_1(x)y^2$ 来说，$\varphi(x)=-\dfrac{\phi'(x)+2q_1(x)}{\phi(x)}$，于是，由上述讨论可求得只与 x 有关的积分因子

$$\mu=\frac{1}{p(x)}\mathrm{e}^{-\int 2q_1/p(x)\mathrm{d}x}.$$

例 2　设存在正定函数 $V:D\to\mathbf{R}$ 使

$$\frac{\mathrm{d}V}{\mathrm{d}t}=\frac{\partial V}{\partial x}\cdot f(x)$$

在 D 上是常负的, 其中 D 是原点的某邻域，又设集合 $\{x\in D|\mathrm{d}V/\mathrm{d}t=0\}$ 不含非平凡正半轨，则微分方程

$$\frac{\mathrm{d}x}{\mathrm{d}t}=f(x)$$

的零解是渐近稳定的.

证明　首先，在所设条件下零解是稳定的，于是存在 $\varepsilon_0>0$ 及 $\bar{\delta}>0$ 使 $S_{\varepsilon_0}\subset D$ 且

$$\text{当 }\|x_0\|<\bar{\delta}\text{ 时 }\|x(t,t_0,x_0)\|<\varepsilon_0, t\geqslant t_0,$$

因此，只需证明，对 $|x_0|<\bar{\delta}$, 当 $t\to+\infty$ 时必有 $x(t,t_0,x_0)\to 0$. 而这等价于：对任意趋于正无穷的时间列 t_n ，若 $x(t_n,t_0,x_0)\to y$，则必有 $y=0$. 事实上，由条件知，

$$\lim_{t\to+\infty}V(x(t,t_0,x_0))=\lim_{n\to\infty}V(x(t_n,t_0,x_0))=V(y).$$

另一方面，由解的唯一性定理及方程的自治性知

$$x(t,t_0,x(t_n,t_0,x_0))=x(t+t_n-t_0,t_0,x_0),$$

故，由以上两式可得

$$\lim_{n\to\infty}V(x(t,t_0,x(t_n,t_0,x_0)))=\lim_{n\to\infty}V(x(t+t_n-t_0,t_0,x_0))=V(y).$$

又因为 $x(t_n,t_0,x_0)\to y$, 则有

$$\lim_{n\to\infty}V(x(t,t_0,x(t_n,t_0,x_0)))=V(x(t,t_0,y)),$$

于是，对一切 t，$V(x(t,t_0,y))=V(y)$ 成立，从而 $x(t,t_0,y)\in\{x\in D|\mathrm{d}V/\mathrm{d}t=0\}$. 故由假设知 $y=0$. 即为所证.

例 3　研究平面系统

$$\dot{x}=y,\quad \dot{y}=-\sin x-y$$

之零解的稳定性.

解 取李雅普诺夫函数

$$V(x,y)=\frac{1}{2}y^2+1-\cos x,$$

易见，它是正定的，且它沿所给系统的全导数为

$$\dot{V}=y(-\sin x-y)+y\sin x=-y^2,$$

该全导数是常负的. 注意到

$$\dot{y}|_{y=0}=-\sin x\neq 0,\quad 0<|x|<\pi,$$

故集合 $y=0$ 不包含非平凡的正半轨线, 于是，利用例 2 的结果知，所述方程的零解是渐近稳定的.

例 4 研究平面系统

$$\dot{x}=y,\quad \dot{y}=-\sin x+ay+by^2$$

之闭轨线的存在性.

解 令 $f(x,y)=(y,-\sin x+ay+by^2)$, 取 Dulac 函数 $B(x)=\mathrm{e}^{-2bx}$, 则

$$\operatorname{div}(Bf)=aB(x),$$

故由定理 5.8 知，当 $a\neq 0$ 时，所述方程没有闭轨线.

进一步可知，当 $a=0$ 时，所述方程有下列形式的首次积分:

$$H(x,y)=p(x)+\frac{1}{2}\mathrm{e}^{-2bx}y^2,$$

其中 $p(0)=0$, 且 $p'(x)=\sin x\mathrm{e}^{-2bx}$. 易见

$$p(x)=\frac{1}{2}x^2-\frac{2b}{3}x^3+O(x^4),$$

因此函数 H 是正定函数，且它定义了包围原点的一族闭轨线. 也就是说，对每个很小的正数 $h>0$, 方程 $H(x,y)=h$ 在原点附近定义了唯一的一条闭轨 L_h, 且当 $h\to 0$ 时有 L_h 趋于原点. 这一结论看似显然，如何严格证明它呢？请读者自己完成 (提示: 利用极坐标和隐函数定理).

例 5 利用定理 5.10 证明方程

$$\dot{x}=x-y-x^3,\quad \dot{y}=x+y-y^3$$

在区域 $1 \leqslant x^2+y^2 \leqslant 2$ 上至少有一个极限环.

证明　令 $V(x,y)=x^2+y^2$, 则

$$\dot{V}=2W(x,y),\quad W(x,y)=x^2+y^2-(x^4+y^4).$$

易知

$$2[x^2+y^2-1] \leqslant x^4+y^4 \leqslant (x^2+y^2)^2$$

成立, 故有

$$x^2+y^2-(x^2+y^2)^2 \leqslant W(x,y) \leqslant 2-(x^2+y^2).$$

从而

$$\dot{V}|_{x^2+y^2=1} \geqslant 0,\quad \dot{V}|_{x^2+y^2=2} \leqslant 0.$$

又易知, 原点是所述方程的唯一奇点, 由定理 5.10 即得结论成立.

5.6.2　习题演练及其答案或提示

(Ⅰ)　**习题演练**

1. 求二次系统

$$\dot{x}=2xy,\quad \dot{y}=a+bx+cx^2-y^2$$

的首次积分 (哈密顿函数), 并作相图.

2. 求一维周期微分方程

$$\frac{\mathrm{d}x}{\mathrm{d}t}=a(t)x^2+b(t)x$$

的庞加莱映射, 由此证明这一周期方程的零解至多是二重的 (除非其所有解都是周期的)

3. 试利用庞加莱映射引入一维周期微分方程 $\dfrac{\mathrm{d}x}{\mathrm{d}t}=f(t,x)$ 的 k 重周期解的定义, 并讨论周期伯努利方程

$$\frac{\mathrm{d}x}{\mathrm{d}t}=a(t)x^n+b(t)x$$

零解的重数, 其中 $n>1$ 为自然数.

4. 利用例 2 的结论研究多项式系统

$$\dot{x}=y-(x^3+x^4),\quad \dot{y}=-x+x^2$$

的零解的稳定性.

5. 取形如 $V(x,y)=ax^2+by^2$ 的李雅普诺夫函数, 讨论系统

$$\dot{x}=-x+2y^2,\quad \dot{y}=-xy$$

之原点的稳定性.

6. 由文献 [1] 中对方程

$$\dot{x} = y - (x^3 - \varepsilon x), \quad \dot{y} = -x, \quad \varepsilon > 0$$

讨论知，它有唯一的极限环, 设其周期为 $T(\varepsilon)$, 则当 $\varepsilon > 0$ 很小时有

$$T(\varepsilon) = T_0 + \varepsilon T_1 + \cdots,$$

试求 T_0 与 T_1.

7. 证明方程

$$\dot{x} = y - (x^5 - \varepsilon x^3), \quad \dot{y} = -x$$

当 $\varepsilon > 0$ 充分小时，有唯一极限环. 进一步证明方程

$$\dot{x} = y - (x^5 - \varepsilon x^3 + \lambda x), \quad \dot{y} = -x$$

当 $0 < \lambda \ll \varepsilon$ 时有两个极限环.

8. 利用定理 5.10 证明方程

$$\dot{x} = x - y - x\left(x^2 + \frac{3}{2}y^2\right), \quad \dot{y} = x + y - y\left(x^2 + \frac{1}{2}y^2\right)$$

在区域 $\frac{1}{4} \leqslant x^2 + y^2 \leqslant 4$ 上至少有一个极限环.

(Ⅱ) **答案或提示**

2. 参考文献 [9], [10].

3. 参考文献 [9], [10].

5.7 第 5 章总结与思考

本章的主要内容有以下几个方面.

(1) 高维微分方程零解稳定性的李雅普诺夫函数方法. 本章所介绍的是最基本的概念与理论，近百年来，这一方法有广泛而深入的发展，形成了常微分方程一个重要的研究分支，这一方法在许多应用科学领域有重要应用. 具体到本章，定理 5.3 是李雅普诺夫基本定理的一个简单应用. 其实这个应用的方法对高维自治系统仍有效 (本章为了简单和方便，只论述二维自治系统)，对高维周期系统也有相应的结果.

(2) 一维周期微分方程解的性质与周期解问题. 重点是论述讨论周期解存在性、稳定性及其个数的方法. 本章在这里安排这一内容的主要目的是后面对平面系统

的应用. 其实，周期系统有其专门的理论，周期系统的性质比自治系统要复杂得多，例如平面周期系统会出现非常复杂的现象，即所谓的“混沌”，而平面自治系统就不会出现这种现象. 微分方程中可以出现多个周期变量，这样的微分方程就叫做拟周期 (quasi-periodic) 微分方程，其性质则更为复杂，更一般的还有概周期 (almost periodic) 微分方程.

(3) 平面系统焦点与极限环的性态. 这是一个很经典的问题，近百年来，人们对这个问题的研究从未停止过. 焦点与中心的概念是容易理解的，困难的是焦点与中心的判定问题，就是说，给定一个有初等奇点的多项式系统或解析系统，判定这个初等奇点什么时候是焦点，什么时候是中心. 对平面线性系统，这个问题是平凡的，对平面二次系统，这个问题经多名数学家的长期努力已经解决，对平面三次系统，这个问题还是一个世界难题. 极限环是平面系统出现的一个最重要的现象. 著名数学家希尔伯特在 1900 年就提出研究平面多项式系统极限环的个数与分布，这是一个非常困难的问题，吸引了成千上万名数学家投身其中，却至今不知道真相如何, 即使对二次系统这一最低次的非线性系统也不知道答案为何.

(4) 含参数平面系统的简单分支研究. 这里只列举几例，通过例子来初步地粗浅地认识平面系统的分支理论的基本问题. 要想更进一步的了解分支理论的内容就要阅读适用于研究生的教材了 (例如文献 [3,8]).

本章的主角是极限环，研究极限环的重要工具是庞加莱映射，而这一映射的最基本的性质是其光滑性质 (或者说是解析性质). 下面我们说说研究庞加莱映射光滑性所需要的基本方法.

我们在数学分析中学过下面两个基本定理.

定理 A(牛顿–莱布尼茨公式)　设 $f(x)$ 是定义在区间 $[a,b]$ 上的一元函数，且 $f\in C^1[a,b]$，则 $f(b)-f(a)=\int_a^b f'(x)\mathrm{d}x$ 或者 (变形)

$$f(b)-f(a)=\int_0^1 f'(a+t(b-a))\mathrm{d}t(b-a).$$

定理 B(含参量积分的性质)　设二元函数 $f(x,y)$ 在某个矩形区域 D 中有定义. 如果函数 $f(x,y)$ 在 D 上连续，则

$$F(x,y)=\int_{x_0}^{x} f(u,y)\mathrm{d}u$$

在 D 上连续. 进一步，如果 $f_y(x,y)$ 也在 D 上连续，则 $F\in C^1(D)$ 且

$$\frac{\partial}{\partial y}\int_{x_0}^{x} f(u,y)\mathrm{d}u=\int_{x_0}^{x} f_y(u,y)\mathrm{d}u$$

成立，其中 $(x,y)\in D,(x_0,y_0)\in D$.

关于上述定理，我们这里做两点延伸. 首先，如果 $D=[0,1]\times J$, 其中 J 为某一区间，则当函数 $f(x,y)$ 在 D 上连续时下述函数:

$$F_1(y)=\int_0^1 f(x,y)\mathrm{d}x$$

在 J 上连续; 当 $f_y(x,y)$ 也在 D 上连续时，则 $F_1\in C^1(J)$ 且

$$F_1'(y)=\int_0^1 f_y(x,y)\mathrm{d}x,\quad y\in J$$

成立, 进一步，用归纳法易证，如果 k 阶偏导数 $f_y^{(k)}(x,y)$ 在 D 上连续，$k\geqslant 1$, 则 $F_1\in C^k(J)$, 且

$$F_1^{(k)}(y)=\int_0^1 f_y^{(k)}(x,y)\mathrm{d}x,\quad y\in J$$

成立, 其次，从数学分析中给出的上述定理的证明易见，如果 $f(x,y)$ 是定义在形如 $[a,b]\times G$ 的区域的多元函数，则定理的结论以及上述第一点延伸之结论都类似成立，其中 G 是 $\mathbf{R}^n$ 中的区域.

我们现在利用上述两个定理来证明下述定理.

定理 C *设 $F(x,y)$ 为定义于区域 $I\times D$ 上的 C^k 函数 ($k=1$ 或 2), 其中 I 是以 $x=0$ 为内点的区间, D 是 $\mathbf{R}^m$ 的区域. 如果 $F(0,y)=0$, 则存在区域 $I\times D$ 上的 C^{k-1} 函数 $F_1(x,y)$, 使*

$$F(x,y)=xF_1(x,y)$$

成立.

证明 对函数 F 关于 x 应用定理 A 知

$$F(x,y)=x\int_0^1 F_x(tx,y)\mathrm{d}t.$$

令

$$F_1(x,y)=\int_0^1 f(t,x,y)\mathrm{d}t,\ f(t,x,y)=F_x(tx,y).$$

由假设知，函数 f 在区域 $[0,1]\times I\times D$ 上是 C^{k-1} 的，于是利用定理 B(及其后注) 知函数 F_1 满足要求. 证毕.

不难想象，定理 C 对一般的自然数 k 也是成立的.

现在回到前面出现的方程 (5.2) 与 (5.4). 令

$$rR_1(\theta,r)=\cos(\beta\theta)P_1-\sin(\beta\theta)Q_1,\quad R(\theta,r)=r(\alpha+R_1),$$

$$V(\theta,r)=rS_1(\theta,r)=\sin(\beta\theta)P_1+\cos(\beta\theta)Q_1,$$

则方程 (5.4) 中的 f 可写为

$$f(\theta,r)=\frac{r(\alpha+R_1)}{1-S_1/\beta}=\frac{R(\theta,r)}{S(\theta,r)}.$$

由定理 C 知，函数 R_1 与 S_1 均在 $r=0$ 连续，且 $R_1(\theta,0)=S_1(\theta,0)=0$, 于是函数 f 在 $r=0$ 连续且 $f(\theta,0)=0$. 又由偏导数的定义知

$$f_r(\theta,0)=\lim_{r\to0}\frac{f(\theta,r)}{r}=\lim_{r\to0}\frac{\alpha+R_1}{1-S_1/\beta}=\alpha.$$

对充分小的 $|r|>0$, 由假设可知 $R(\theta,r)$, $V(\theta,r)$ 与 $f(\theta,r)$ 都是连续可微函数，且

$$f_\theta=\frac{R_\theta S-RS_\theta}{S^2},\quad S_\theta=\frac{-V_\theta}{\beta r},$$

$$f_r=\frac{R_rS-RS_r}{S^2},\quad S_r=\frac{-1}{\beta}\frac{V_rr\_V}{r^2}.$$

注意到

$$RS_\theta=\frac{-1}{\beta}(\alpha+R_1)V_\theta,\quad RS_r=\frac{-1}{\beta}(\alpha+R_1)[V_r-S_1].$$

这说明对一切适当小的 $|r|$, RS_θ 与 RS_r 都是连续的，因而，进一步可知 f_θ 与 f_r 都是连续的, 也即 f 是 C^1 的. 这样我们已经证明了下述定理.

定理 D　设方程 (5.2) 中的函数 $P_1(x,y)$ 与 $Q_1(x,y)$ 在原点的某邻域内是连续可微的, 且满足

$$P_1(x,y)=o(|x,y|),\ \ Q_1(x,y)=o(|x,y|),\tag{5.11}$$

则方程 (5.4) 中的函数 $f(\theta,r)$ 对一切适当小的 $|r|$ 与任意的 θ 也是连续可微的.

由此定理，再利用解对初值的光滑依赖性定理，就知道方程 (5.2) 在原点附近的庞加莱映射 $P(r)$ 和后继函数 $d(r)$ 都是连续可微的.

当然，也不难想象，如果方程 (5.2) 中的函数 $P_1(x,y)$ 与 $Q_1(x,y)$ 在原点的某邻域内是 C^k 光滑的，且满足方程 (5.11)，则方程 (5.4) 中的函数 $f(\theta,r)$ 对一切适当小的 $|r|$ 与任意的 θ 也是 C^k 光滑的，从而它在原点附近的庞加莱映射 $P(r)$ 和后继函数 $d(r)$ 也都是 C^k 光滑的，见文献 [7].

最后，我们就一维周期方程周期解问题，给出若干补充.

考虑一维周期微分方程 (5.1)

$$\frac{\mathrm{d}x}{\mathrm{d}t}=f(t,x).$$

定理 E[10] *如果 f_x 存在且关于 x 为严格单调的, 则方程 (5.1) 至多有 2 个周期解. 如果 f_{xx} 存在且关于 x 为严格单调的, 则方程 (5.1) 至多有 3 个周期解.*

证明 只证明第一个结论 (第二个结论证明的技巧较高，详见文献 [10]，这里证略). 设 f_x 存在且关于 x 为严格单调. 为确定计, 设 f_x 关于 x 为严格增加. 现用反证法证明方程 (5.1) 至多有两个周期解. 若结论不成立, 则它有三个周期解, 设其为 $x_j, j=1,2,3$. 由解的存在唯一性定理, 不妨设 $x_1(t)<x_2(t)<x_3(t)$. 进一步又可设 $x_1(t)\equiv 0$(否则可引入变换 $y=x-x_1(t)$), 于是必有 $f(t,0)\equiv 0$, 从而由牛顿–莱布尼茨公式知

$$x_2'(t)=f(t,x_2(t))=x_2(t)\int_0^1 f_x(t,sx_2(t))\mathrm{d}s, \tag{5.12}$$

$$x_3'(t)=f(t,x_3(t))=x_3(t)\int_0^1 f_x(t,sx_3(t))\mathrm{d}s. \tag{5.13}$$

由于已设 f_x 为 x 的严格增函数, 故

$$f_x(t,sx_3(t))>f_x(t,sx_2(t)),\quad 0<s<1.$$

从而由方程 (5.12) 与方程 (5.13) 知

$$\frac{x_2'(t)}{x_2(t)}<\frac{x_3'(t)}{x_3(t)}.$$

对于上式在 $[0,T]$ 上积分, 并注意到

$$x_j(0)=x_j(T),\quad j=2,3,$$

可得

$$0=\ln\frac{x_2(T)}{x_2(0)}<\ln\frac{x_3(T)}{x_3(0)}=0,$$

矛盾. 第一个结论得证.

我们再考虑含参数的一维周期方程. 首先考虑下列形式的方程

$$\frac{\mathrm{d}x}{\mathrm{d}t}=F(t,x,\varepsilon), \tag{5.14}$$

其中 F 为 C^∞ 函数, 且关于 t 为 T 周期函数, 又满足 $F(t,x,0)=0$. 于是可设形式上成立

$$F(t,x,\varepsilon)=\sum_{k\geqslant 1}\varepsilon^k F_k(t,x). \tag{5.15}$$

有关方程 (5.14) 的平均方法的主要结果是下述定理.

定理 F(平均法)　设方程 (5.15) 成立, 则对任意给定的自然数 $k \geqslant 1$, 都存在 $C^\infty T$ 周期变换 $y = x + \varepsilon\phi_k(t,x,\varepsilon)$, 把方程 (5.14) 化为下述 $C^\infty T$ 周期方程

$$\frac{\mathrm{d}y}{\mathrm{d}t} = \sum_{i=1}^{k} \varepsilon^i \bar{F}_i(y) + \varepsilon^{k+1} F_{k+1}(t,y,\varepsilon), \tag{5.16}$$

其中

$$\bar{F}_1(y) = \frac{1}{T}\int_0^T F_1(t,y)\mathrm{d}t.$$

证明　我们的思路是这样的: 利用待定方法确定 T 周期函数 $\varphi_1(t,x), \cdots, \varphi_k(t,x)$, 以及函数 $\bar{F}_1(y), \cdots, \bar{F}_k(y)$, 使得下述变换

$$y = x + \varepsilon\varphi_1(t,x) + \cdots + \varepsilon^k\varphi_k(t,x)$$

把方程 (5.14) 化为方程 (5.16).

首先, 注意到上述变换的逆变换可写成

$$\begin{aligned} x =& y - \varepsilon\varphi_1(t,y) - \varepsilon^2(\varphi_2(t,y) + \varPhi_1(t,y)) - \cdots \\ &- \varepsilon^k(\varphi_k(t,y) + \varPhi_{k-1}(t,y)) + O(\varepsilon^{k+1}), \end{aligned}$$

其中 $\varPhi_j(t,y)$ 只与 $\varphi_1, \cdots, \varphi_j$ 有关, $j = 1, \cdots, k-1$. 事实上, 有

$$x = y - \varepsilon\varphi_1(t,x) - \varepsilon^2\varphi_2(t,x) - \cdots,$$

由上式知, 显然 $x = y + O(\varepsilon)$, 再代入上式, 又得

$$x = y - \varepsilon\varphi_1(t,y) + O(\varepsilon^2).$$

因此, 又知 (泰勒公式)

$$\begin{aligned} \varphi_1(t,x) =& \varphi_1(t, y - \varepsilon\varphi_1(t,y) + O(\varepsilon^2)) \\ =& \varphi_1(t,y) - \varepsilon\varphi_{1x}(t,y)\varphi(t,y) + O(\varepsilon^2), \end{aligned}$$

代入前面一式, 可得

$$x = y - \varepsilon\varphi_1(t,y) - \varepsilon^2[\varphi_2(t,y) - \varphi_1(t,y)\varphi_{1x}(t,y)] + O(\varepsilon^3).$$

一般地可用归纳法证之.

对所实施的变换两边关于 t 求导, 可得

$$\dot{y} = (1 + \varepsilon\varphi_{1x} + \varepsilon^2\varphi_{2x} + \cdots + \varepsilon^k\varphi_{kx})\dot{x} + \varepsilon\varphi_{1t} + \cdots + \varepsilon^k\varphi_{kt}.$$

于是可知新方程如下:

$$\begin{aligned}\dot{y}=&\varepsilon(\varphi_{1t}(t,y)+F_1(t,y))+\varepsilon^2(\varphi_{2t}(t,y)+\Psi_1(t,y))\\&+\cdots+\varepsilon^k(\varphi_{kt}(t,y)+\Psi_{k-1}(t,y))+O(\varepsilon^{k+1}),\end{aligned}$$

其中 $\Psi_j(t,y)$ 只与 $\varphi_1,\cdots,\varphi_j$ 有关, $j=1,\cdots,k-1$. 例如，可求得

$$\Psi_1(t,y)=F_2(t,y)+F_1(t,y)\varphi_{1x}(t,y)-\varphi_1(t,y)[F_{1x}(t,y)+\varphi_{1tx}(t,y)].$$

接下来，我们就需要选择 $\varphi_1(t,x),\cdots,\varphi_k(t,x)$，满足下面两条:

(1) 它们都是 T 周期函数;

(2) 它们使得 $\varphi_{1t}(t,y)+F_1(t,y)$, 以及 $\varphi_{jt}(t,y)+\Psi_{j-1}(t,y)$, $j=2,\cdots,k-1$ 均与 t 无关.

这等价于要证明存在函数 $\bar{F}_1(y)$, $\cdots$, $\bar{F}_k(y)$, 使得下面关于 $\varphi_1,\cdots,\varphi_k$ 的一阶微分方程

$$\varphi_{1t}(t,y)+F_1(t,y)=\bar{F}_1(y),$$

$$\varphi_{jt}(t,y)+\Psi_{j-1}(t,y)=\bar{F}_j(y),\quad j=2,\cdots,k-1$$

有周期解. 易见，如果我们先取

$$\bar{F}_1(y)=\frac{1}{T}\int_0^T F_1(t,y)\mathrm{d}t$$

就可以得到符合要求的函数 φ_1, 求出 φ_1 之后，$\Psi_1(t,y)$ 就是确定的已知函数，且关于 t 为 T 周期的，进而又可以取

$$\bar{F}_2(y)=\frac{1}{T}\int_0^T \Psi_1(t,y)\mathrm{d}t$$

来求出符合要求的 φ_2. 以此类推，就可以求出所有的 $\varphi_1(t,x),\cdots,\varphi_k(t,x)$. 证毕.

我们指出，上述定理对高维周期方程仍成立.

现设 $k\geqslant 1$ 使下列条件成立

$$\bar{F}_k(y)\not\equiv 0,\quad \bar{F}_j(y)\equiv 0,\quad j=1,\cdots,k-1. \tag{5.17}$$

设 $y(t,y_0,\varepsilon)$ 为式 (5.16) 的满足 $y(0,y_0,\varepsilon)=y_0$ 的解, 则该解可写成

$$y(t,y_0,\varepsilon)=y_0+\sum_{j\geqslant 1}\varepsilon^j y_j(t,y_0).$$

将上式代入式 (5.16), 并利用式 (5.17) 可得

$$y_k(t,y_0)=t\bar{F}_k(y_0),\quad y_j(t,y_0)=0,\quad j=1,\cdots,k-1.$$

故在式 (5.17) 之下式 (5.16) 的庞加莱映射为

$$\bar{P}(y_0,\varepsilon)=y_0+\varepsilon^k T\bar{F}_k(y_0)+O(\varepsilon^{k+1}). \tag{5.18}$$

方程 (5.14) 与 (5.16) 的周期解与映射 $\bar{P}$ 关于 y_0 的不动点一一对应.

一个很有意思的问题是: 如何研究周期解个数及其上界? 由罗尔定理和隐函数定理可得下述结论.

定理 G 设式 (5.15) 与式 (5.17) 成立, 则

(1) (周期解个数下界) 如果函数 $\bar{F}_k(y)$ 有 m 个单根, 则当 $|\varepsilon|$ 充分小时, 方程 (5.14) 及 (5.16) 必有 m 个周期解;

(2) (周期解上界估计) 如果函数 $\bar{F}_k(y)$ 至多有 m 个根 (包括重数在内), 则当 $|\varepsilon|$ 充分小时, 方程 (5.14) 及 (5.16) 至多有 m 个关于 ε 为一致有界的周期解.

证明 易见式 (5.18) 可写为

$$\bar{P}(y_0,\varepsilon)-y_0=\varepsilon^k TG_k(y_0,\varepsilon),\quad G_k(y_0,\varepsilon)=\bar{F}_k(y_0)+O(\varepsilon).$$

对函数 $G_k(y_0,\varepsilon)$ 应用隐函数定理 m 次，即得结论 (1).

利用反证法和罗尔定理可证结论 (2). 今以 $m=2$ 为例证之. 若结论不成立，则存在趋于零的点列 $\{\varepsilon_n\}$, 使得函数 $G_k(y_0,\varepsilon_n)$ 关于 y_0 有三个有界根 y_{nj}, $j=1,2,3$. 可设 $y_{n1}<y_{n2}<y_{n3}$, 又可设 $y_{nj}\to y_j$. 那么必有 $y_1\leqslant y_2\leqslant y_3$ 且 $\bar{F}_k(y_j)=0$. 易见，只有下列几种可能:

(1) $y_1<y_2<y_3$; (2) $y_1=y_2<y_3$;

(3) $y_1<y_2=y_3$; (4) $y_1=y_2=y_3$.

对情况 (1), 函数 $\bar{F}_k$ 有三根, 这与假设矛盾. 对情况 (2), 由罗尔中值定理，存在 $y_n^*\in(y_{n1},y_{n2})$ 使得 $\dfrac{\partial G_k}{\partial y_0}(y_n^*,\varepsilon_n)=0$. 注意到 $y_n^*\to 0\ (n\to\infty)$, 故令 $n\to\infty$ 就有 $\bar{F}_k'(y_1)=0$. 这说明 y_1 是 $\bar{F}_k$ 的重数至少为 2 的根. 又矛盾 (因为 y_3 是 $\bar{F}_k$ 的根). 其他两种情况类似可证.

现设 $x(t,x_0,\varepsilon)$ 为式 (5.14) 的满足 $x(0,x_0,\varepsilon)=x_0$ 的解, 则

$$x(t,x_0,\varepsilon)=x_0+\sum_{j\geqslant 1}\varepsilon^j\bar{x}_j(t,x_0), \tag{5.19}$$

从而式 (5.14) 的庞加莱映射为

$$P(x_0,\varepsilon)=x(T,x_0,\varepsilon)=x_0+\sum_{j\geqslant 1}\varepsilon^j P_j(x_0). \tag{5.20}$$

可证下述结果 (文献 [13]).

定理 H 设式 (5.15) 与式 (5.19) 成立. 则

$$
\begin{aligned}
\bar{x}_1(t,x_0) &= \int_0^t F_1(u,x_0)\mathrm{d}u,\\
\bar{x}_2(t,x_0) &= \int_0^t \left[F_2(u,x_0)+\frac{\partial F_1}{\partial x}(u,x_0)\bar{x}_1(u,x_0)\right]\mathrm{d}u,\\
\bar{x}_n(t,x_0) &= \int_0^t \left[F_n(u,x_0)+\sum_{l=1}^{n-1}\sum_{i=1}^{l}\frac{1}{i!}\frac{\partial^i F_{n-l}}{\partial x^i}(u,x_0)K_{li}(u,x_0)\right]\mathrm{d}u,
\end{aligned}
$$

其中

$$
K_{li}(u,x_0)=\sum_{j_1+j_2+\cdots+j_i=l}\bar{x}_{j_1}(u,x_0)\bar{x}_{j_2}(u,x_0)\cdots\bar{x}_{j_i}(u,x_0).
$$

上述定理的证明思路很简单，就是把式 (5.19) 代入式 (5.14)，然后比较 ε 同次项之系数，可得一系列一阶微分方程，最后利用初值求解即可. 在这个过程中遇到的困难是利用泰勒公式给出一般项 $\bar{x}_n(t,x_0)$ 的表达式. 证明的细节留给读者.

由式 (5.20) 及上述定理可得

$$
\begin{aligned}
P_1(x_0) &= \int_0^T F_1(t,x_0)\mathrm{d}t,\\
P_2(x_0) &= \int_0^T \left[F_2(t,x_0)+\frac{\partial F_1}{\partial x}(t,x_0)\int_0^t F_1(u,x_0)\mathrm{d}u\right]\mathrm{d}t.
\end{aligned} \tag{5.21}
$$

由式 (5.16) 及式 (5.21) 易见 $P_1(x)=T\bar{F}_1(x)$.

关于新老方程的庞加莱映射之间的关系，有下述结果 (文献 [10]).

定理 I 设式 (5.15) 成立, 则式 (5.17) 成立当且仅当式 (5.20) 中 P 满足

$$
P_k(x)\not\equiv 0,\quad P_j(x)\equiv 0,\quad j=1,\cdots,k-1.
$$

且当 (5.17) 成立时必有 $T\bar{F}_k(x)=P_k(x)$. 于是在定理 G 中 $\bar{F}_k(y)$ 换为 $P_k(x)$, 其结论仍成立.

事实上，由定理 F 知，方程 (5.14) 的解 $x(t,x_0,\varepsilon)$ 与方程 (5.16) 的解 $y(t,y_0,\varepsilon)$ 有下述关系

$$
y(t,y_0,\varepsilon)=x(t,x_0,\varepsilon)+\varepsilon\phi_k(t,x(t,x_0,\varepsilon),\varepsilon),\quad y_0=x_0+\varepsilon\phi_k(0,x_0,\varepsilon).
$$

于是

$$
\bar{P}(y_0,\varepsilon)=P(x_0,\varepsilon)+\varepsilon\phi_k(T,P(x_0,\varepsilon),\varepsilon)=P(x_0,\varepsilon)+\varepsilon\phi_k(0,P(x_0,\varepsilon),\varepsilon).
$$

故

$$\bar{P}(y_0,\varepsilon)-y_0=P(x_0,\varepsilon)-x_0+\varepsilon(\phi_k(0,P(x_0,\varepsilon),\varepsilon)-\phi_k(0,x_0,\varepsilon)),$$

利用微分中值定理可得

$$\phi_k(0,P(x_0,\varepsilon),\varepsilon)-\phi_k(0,x_0,\varepsilon)=O(P(x_0,\varepsilon)-x_0),$$

从而可得

$$\bar{P}(y_0,\varepsilon)-y_0=(P(x_0,\varepsilon)-x_0)(1+O(\varepsilon)).$$

利用上式及式 (5.18) 的推导即得上述定理之结论.

上述四个定理 (定理 F—定理 I) 都是平均法的基本结果，有些是众所周知的，有些则是最近才获得的. 平均法理论对形如式 (5.10) 的平面系统的极限环个数的研究有许多应用，它与 Melnikov 函数方法也有密切关系 (实际上文献 [14] 证明了这两个方法是等价的).

参 考 文 献

[1] 韩茂安等. 常微分方程. 北京：高等教育出版社，2011.

[2] 丁同仁，李承治. 常微分方程教程. 2 版. 北京：高等教育出版社, 2004.

[3] 赵爱民，李美丽，韩茂安. 微分方程基本理论. 北京：科学出版社，2011.

[4] 傅希林，范进军. 非线性微分方程. 北京：科学出版社，2011.

[5] 韩茂安，李继彬. 关于解的延拓定理之注解. 大学数学，2015(2)：33-38.

[6] 韩茂安，盛丽鹃. 隐函数定理的新证明. 上海师范大学学报，2016(2)：351-354.

[7] 韩茂安. 平面系统中心与焦点判定问题的若干注释. 上海师范大学学报，2013(6)：565-579.

[8] Han M. Bifurcation Theory of Limit Cycles. Beijing：Science Press, 2012.

[9] 韩茂安，顾圣士. 非线性系统的理论和方法. 北京：科学出版社, 2001.

[10] 盛丽鹃，韩茂安. 一维周期方程的周期解问题. 中国科学 (数学), 2017, 47(1)：171-186.

[11] 刘一戎，李继彬. 平面向量场的若干经典问题. 北京：科学出版社，2010.

[12] Christopher C, Li C. Limit Cycles of Differential Equations, CRM Barcelona, Basel; Birkhauser Verlag, 2007.

[13] Gine J, Grau M, Llibre J. Averaging theory at any order for computing periodic orbits. Phys D, 2013, 250: 58-65.

[14] Han M, Romanovski V, Zhang X. Equivalence of the Melnikov function method and the averaging method. Qual Theory Dyn Syst, 2015, 15: 471-479.